农业农村实用技术丛书

水产养殖管理关键技术问答

◎ 吕建秋　田兴国　主编

中国农业科学技术出版社

图书在版编目（CIP）数据

水产养殖管理关键技术问答 / 吕建秋，田兴国主编 .—北京：中国农业科学技术出版社，2019. 11

ISBN 978-7-5116-4332-2

Ⅰ. ①水… Ⅱ. ①吕… ②田… Ⅲ. ①水产养殖—问题解答 Ⅳ. ①S96-44

中国版本图书馆 CIP 数据核字（2019）第 165833 号

责任编辑　崔改泵　李　华
责任校对　马广洋

出 版 者　中国农业科学技术出版社
　　　　　北京市中关村南大街12号　　邮编：100081
电　　话　（010）82109708（编辑室）（010）82109702（发行部）
　　　　　（010）82109709（读者服务部）
传　　真　（010）82106650
网　　址　http: // www.castp.cn
经 销 者　各地新华书店
印 刷 者　北京富泰印刷有限责任公司
开　　本　710mm×1 000mm　1/16
印　　张　11.25
字　　数　208千字
版　　次　2019年11月第1版　　2019年11月第1次印刷
定　　价　68.80元

《水产养殖管理关键技术问答》

编 委 会

主　编： 吕建秋　田兴国

副主编： 付京花　闫国琦

编　委： 王梅芳　漆海霞　肖诗强　赵会宏
彭桂香　戚镇科　姚　缀　车大庆
周绍章　胡安阳　王泳欣　李翠芬
向　诚　徐英杰　叶茂林　谢创杰
郑曼妮　王时玉　卢瑞琴

前　言

随着人们生活水平的提高，对高蛋白食物的要求也越来越高。水产品包括鱼、虾、蟹、贝和藻类等，因其蛋白质含量高，富含维生素和微量元素，味美可口等特点而越来越受人们的欢迎。中国是水产养殖大国，2018年全国水产品总产量6 457.66万t，其中养殖产量4 991.06万t，养殖水产品产量占全世界的70%以上。我国地域辽阔，水资源丰富，水产养殖具有其特殊性和复杂性。养殖品种包括鱼、虾、蟹、贝和藻类在内有100多种；养殖模式丰富多样，从池塘、湖泊、水库、网箱到工厂化养殖。如此多的养殖品种和养殖模式经常给大家带来一些困扰。

本书以问答的形式，对水产养殖的一些基本和关键问题进行了解答，介绍了水产养殖的常用设备，养殖环境，常见养殖种类的生物学特征、分布，并从食用、药用、工艺与美术等方面介绍了水产种类与人类的关系。对人们经常困扰的一些问题进行解答，如"贝类都有贝壳吗""接吻鱼为什么会接吻""为什么说水至清则无鱼"等。通过阅读本书，我们可以了解生活中常见的水产品，了解如何更好的养殖，如何食用，如何利用并从其收获丰富的知识与乐趣。

本书参考的文献内容较多，在此一并向原作者表示诚挚的谢意！由于作者水平有限，书中缺点和错误在所难免，敬请同行和读者批评指正。

编　者

2019年10月

目　录

1. 贝类按照生物学特征分为哪几种类型?

按照贝类的生物学特征可分为7类。

无板类：贝类中的原始类型，形似蠕虫，没有贝壳，世界上总共约有100种，全部生活在海里，如龙女簪。

多板类：体上生有8块板状的贝壳，海产，全世界约有600种，如石鳖。

单板类：基本结构为有一扁圆的贝壳和爬行用的足，口中具特有的齿舌，目前这类动物已在太平洋和印度洋各深海陆续发现了8种，如新蝶贝。

双壳类：鳃通常呈瓣状，身体左右侧扁，有左右两壳，头部退化，足部发达呈斧头状。营水生生活，大部分是海产，少部分是淡水产，全世界大约有15 000种。

掘足类：是一类海产底栖的贝类，足部发达呈圆柱状，用来挖掘泥沙，有一个两端开口呈牛角状或象牙状的贝壳，全世界约有200种，如角贝。

腹足类：足部发达，位于身体的腹面，通常有一个螺旋形的贝壳，所以亦称“单壳类”或“螺类”，为软体动物种类最多的一纲，世界上已发现有8万多种。

头足类：头部和足部很发达，足环生于头部前方，化石种很多，现生种500余种，全部海产，大多数能在海洋中做快速、远距离的游泳，如鹦鹉螺、乌贼等。

（编撰人：付京花；审核人：付京花）

2. 贝类动物都具有贝壳吗?

软体动物是身体柔软不分节的无脊椎动物，因体外大都覆盖有贝壳，故又称为贝类，一般都由头、足、内脏团和外套膜4部分组成。外套膜通常能分泌出钙质形成硬壳而保护身体。大多数软体动物都具有一两个或多个贝壳，而有些种类的贝壳退化成内壳，或者无壳，形态各不相同。

贝类种类繁多，至今发现的有11.5万种，化石3.5万种，成为动物界中仅次于节肢动物门的第二大门类。依据形态结构、习性等差异，将贝类分为单板纲、多板纲、无板纲、腹足纲、双壳纲、头足纲和掘足纲7个纲。

并不是所有的贝类都具有明显的贝壳（外壳），有些种类成体无贝壳或退化，但在幼虫时期一般都有贝壳。其中头足纲就是贝壳退化的典型代表，除鹦鹉螺等原始种类具螺旋形的外壳外，现存种类的贝壳均极度退化，如乌贼的外壳退化形成内壳（海螵蛸），而章鱼则无壳。

腹足纲的马蹄螺、蜗牛、鲍鱼等有一呈螺旋状的贝壳。

双壳纲的扇贝、毛蚶、牡蛎、珍珠贝等体表具2片贝壳，故名双壳类。

多板纲的石鳖，背面有8个覆瓦状排列的贝壳。

掘足纲的角贝，贝壳呈长圆锥形的管状或象牙状。

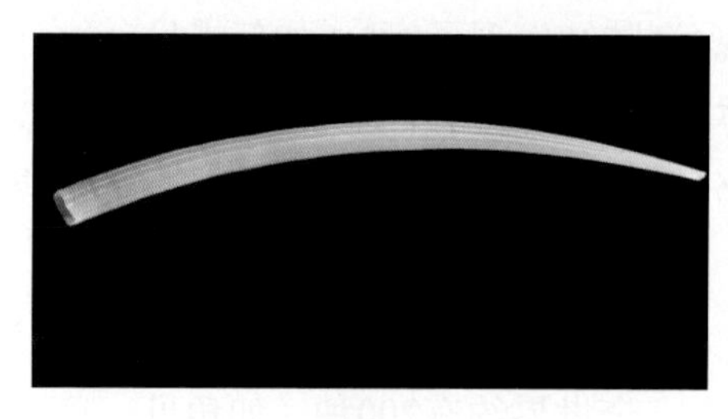

角贝

乌贼（具内壳）

★百度，网址链接：http://imgsrc.baidu.com/image/c0%3Dshijue1%2C0%2C0%2C294%2C40/sign=a0b6b3e2a551f3ded7bfb127fc879a6a/b58f8c5494eef01f078963edeafe9925bc317d7c.jpg

★搜搜百科，网址链接：http://pic.baike.soso.com/p/20120328/20120328163356-228097655.jpg

（编撰人：王梅芳；审核人：王梅芳）

3. 贝类的贝壳是怎样形成的?

软体动物的外套膜分泌壳质，钙化形成保护性的壳称为贝壳。

贝壳的主要成分为95%的碳酸钙和少量的壳质素。一般可分为3层，最外层为角质层（壳皮），薄而透明，有防止酸碱侵蚀的作用，是由外套膜边缘分泌的壳质素构成；中层为棱柱层（壳层），较厚，由外套膜边缘分泌的棱柱状的方解石构成，外层和中层可扩大贝壳的面积，但不增加厚度；内层为珍珠层（底层），由外套膜整个表面分泌的叶片状霰石（文石）叠成，具有美丽光泽，可随身体增长而加厚。

软体动物的贝壳形态多样，有的种类具有1个呈螺旋形的贝壳（如蜗牛、螺、鲍）；有的种类具有2片瓣状壳（如蚌、蚶）；有的种类贝壳退化成内壳（如乌贼、枪乌贼）；有的种类贝壳甚至完全退化，无壳（如章鱼）。

各种贝壳

★新浪网，网址链接：http://images.gd.sina.com.cn/s/200512/1_2046961_2_yzbyyh5c299.jpg

（编撰人：王梅芳；审核人：王梅芳）

4. 人类最早利用贝类的历史？

在人类之前，灵长类动物就已学会将软体动物作为食物来源之一。考古发现，在石器时代就有了海贝做成的项链。在印度河谷以及中国的古墓等这些考古发掘中，都发现有贝壳做成的首饰。我国古代和其他国家，有些贝壳是用来作为货币的，特别是宝贝，所以有一种宝贝叫币贝。人类学家在北非和以色列发现了至少10万年前用贝壳制作的装饰品，这是人类文明出现的最早证据之一。

关于贝类养殖，我国考古发现、古代文献记载，可分清种属的就有20余种，《尔雅》提到过河蚌能产生珍珠。蚶是我国最早被利用的海洋生物，《尔雅》最先记载，后记载海产的笔记及沿海地方志均有记载，对其开展人工养殖盛于明清，其不易腐败、易于外运，是大量生产的主要原因。贻贝生产记载在明代典籍中比较多见，早有“南人好食、北人不多识”的记载，其主产地在福建和广东。

（编撰人：付京花；审核人：付京花）

5. 哪些贝类的贝壳具有收藏价值？

贝壳具有很高的观赏价值和很强的美学感染力。贝壳收藏资源丰富，世界上已知的软体动物超过11万种，所以很容易获得。从理论上来说，任何一种贝都可作为一枚标本而收藏。

贝壳收藏，须弄清楚商业贝和标本贝的区别。近年来由于贝壳获取越来越容易，而且加工手段逐步提高，出现了大量的贝壳商品，即商业贝，如加工后的贝壳、贝壳纽扣、贝雕、风铃等装饰品。标本贝的最基本要求是保留原生态，在此基础上品相越完美越好。标本贝与商业贝最本质的区别，就在于对贝壳本身处理方法的不同，标本贝必须有相应的采集资料，包括标本贝的学名（格式是：属名、种名、命名者、命名时间），采集地点，采集方法（如拖网、缠绕网、潜水等），生活环境（如水深，沙底、泥底或礁石等），以及采集时间等。

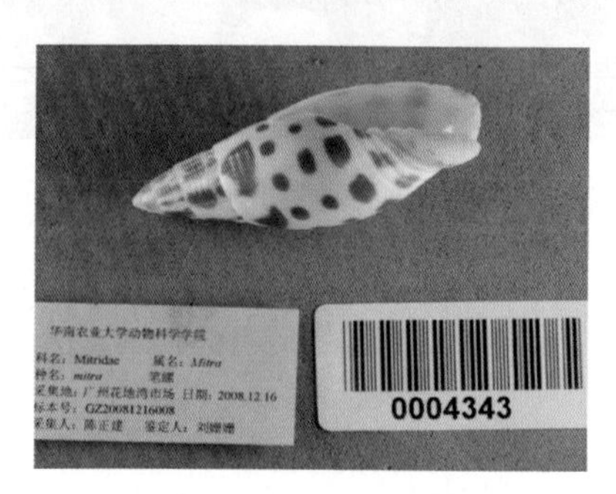

贝壳（图片来源：自摄）

（编撰人：付京花；审核人：付京花）

6. 如何区分我国不同的扇贝品种?

我国的扇贝品种主要有栉孔扇贝、华贵栉孔扇贝、海湾扇贝、虾夷扇贝、长肋日月贝和美丽日本日月贝。

（1）栉孔扇贝。贝壳一般呈紫色或淡褐色，间有黄褐色、杏红色或灰白色。壳高略大于壳长。前耳长度约为后耳的2倍。前耳腹面有一凹陷，形成一孔即栉孔，在孔的腹面右壳上端边缘生有小型栉状齿6 ~ 10枚。具足丝。左壳表面具主要放射肋10条左右，具棘，右壳的主要放射肋较多。

（2）华贵栉孔扇贝。贝壳表面呈淡紫色、黄褐色、淡红色或具枣红色云状斑纹。壳高与壳长约略相等。放射肋巨大，为23条。同心生长轮细密形成相当密而翘起的小鳞片。两肋间有3条细的放射肋，肋间距小于肋宽。具足丝孔。

（3）海湾扇贝。贝壳大小中等，壳表一般呈黄褐色，左、右壳较突，具前足丝孔。成体无足丝。壳表放射肋20条左右。肋较宽而高起，肋上无棘。生长纹较明显。中顶。前耳大，后耳小。外套膜为简单型，具有外套眼。

（4）虾夷扇贝。贝壳大型，壳高可超过20cm，右壳较突，呈黄白色；左壳稍平，较右壳小，呈紫褐色，壳近圆形。壳顶两侧具同样大小的前耳和后耳。右壳的前耳有浅的足丝孔，壳表有15～20条放射肋，右壳肋宽而低矮，肋间狭。左壳肋较细，肋间较宽，壳内面白色，壳顶下方内韧带呈三角形，闭壳肌大，位于壳的后面。

（5）长肋日月贝。贝壳圆形，两侧相等，前、后耳小，大小相等。左、右两壳表面光滑。左壳表面肉红色有光泽，具有深褐色细的放射线，同心生长线细，壳顶部有花纹。右壳表面纯白色，同心生长线比左壳细。左壳内面微紫而带银灰色，右壳内面白色。放射肋较长，共24～29条。

（6）美丽日本日月贝。贝壳圆形，两壳相等，前、后耳较小。左壳表面淡玫瑰色，右壳白色。两壳表面均光滑，具有细的同心生长线。左壳表面形成若干条褐色放射带，不甚明显，右壳表面具放射肋40～48条，放射肋短，近顶部不明显。

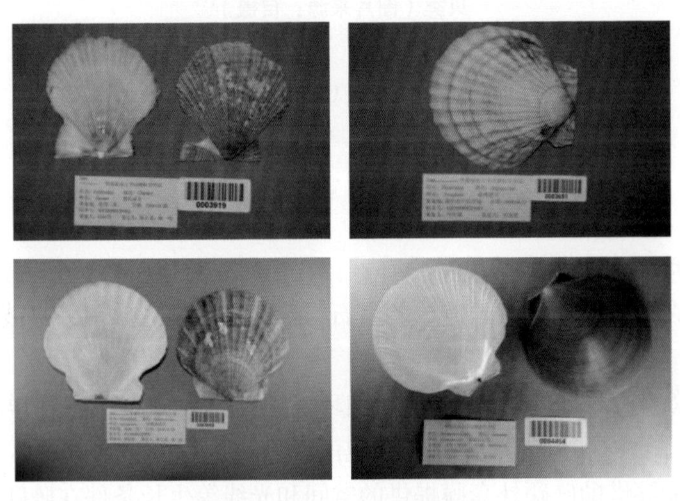

扇贝（图片来源：自摄）

（编撰人：付京花；审核人：付京花）

7. 常见贝类观赏品种有哪些？

贝类又称软体动物，是无脊椎动物中数量和种类都非常多的一个门类，仅次于节肢动物而成为动物界中的第二大门类。贝类的贝壳有多种用途，牡蛎的贝壳可以用来烧石灰，大马蹄螺是制造纽扣的原料，珍珠贝可用来制作美丽灯饰，贝雕工艺是用各种贝类的贝壳的形状、色彩组成的美术品。海贝在中国新石器时代晚期被当作货币用于商品交换，是中国最早的古代货币。由海贝串成的饰品，象征财富与地位。

在现代很多贝壳常用作饰物或观赏品。其品种繁多，形状各异，色泽鲜艳，光彩夺目，本身即可供观赏，虎斑贝、唐冠螺、蜘蛛螺等是其中珍品，常见的还有翁戎螺、凤螺、梯螺、榧螺、海菊蛤、宝贝、瓜螺、芋螺、椎螺、骨螺、珍珠贝、夜光螺等。海贝中很多是珍稀动物，已被列为自然资源保护对象。

贝类（图片来源：自摄）

（编撰人：付京花；审核人：付京花）

8. 地球上已知最大的贝类是什么？

现在地球上已知最大的贝类是砗磲。它们的壳长度可达1m以上，并且具有装饰价值。在西方，用砗磲壳制成的宝石与珍珠、珊瑚、琥珀一起被誉为四大有机宝石。

砗磲喜欢生活在热带海域的珊瑚礁环境中，主要分布在印度洋和太平洋海域，在中国，台湾和海南地区以及其他南海岛屿也有分布。砗磲常与虫黄藻共生，虫黄藻能够借助砗磲外套膜提供的空间和光线等生长条件在砗磲体内繁殖，而砗磲则可以利用虫黄藻作食物。砗磲除了以虫黄藻为食以外，也食浮游生物，它们靠通过流经体内的海水把食物带进来。

砗磲（图片来源：自摄）

砗磲的寿命很长，据说有的寿命可以达到100年以上。砗磲的肉可以食用，有些砗磲还能产生珍珠，而它们的壳更是极具装饰作用。砗磲的壳内面白皙光润，如果将其尾端进行切磨，可以制作成宝石作装饰用。除此之外，砗磲的壳坚厚，可用作贝雕原料。

（编撰人：付京花；审核人：付京花）

9. 天然珍珠是如何形成的?

珍珠产自珍珠贝、河蚌等贝类生物，当这类生物其软体部组织发生病变、损伤或外部异物（如沙粒等）侵入并无法将其排出体外时，机体会分泌珍珠质将病变部位或异物包裹起来，经过一段时间后形成具有珍珠光泽的结晶物（颗粒物），被称为珍珠。通常将这种自然状态下、无人工干预形成的珍珠称为天然珍珠，而有别于人工培育的养殖珍珠。

在我国，能形成天然海水珍珠的贝类有马氏珠母贝、企鹅珍珠贝、大珠母贝（俗称白蝶贝）、珠母贝（俗称黑蝶贝）、鲍鱼等，能形成淡水珍珠的贝类主要是三角帆蚌、褶纹冠蚌、背角无齿蚌等。

褶纹冠蚌

★百度百科，网址链接：https://gss3.bdstatic.com/7Po3dSag_xI4khGkpoWK1HF6hhy/baike/c0%3Dbaike150%2C5%2C5%2C150%2C50/sign=8efeb8a355fbb2fb202650402e234bc1/37d3d539b6003af3ed976c9e352ac65c1038b61b.jpg

（编撰人：王梅芳；审核人：王梅芳）

10. 人工无核珍珠是如何形成的?

利用河蚌等贝类生物自身保护的生理机能，即当机体受外物侵入刺激时，机体会分泌珍珠质包裹异物形成珍珠的特性，通过人工手术将能分泌珍珠质的贝类外套膜上皮组织（供体）移植到河蚌体内（受体）培育出的珍珠为人工珍珠或养殖珍珠。

人工手术时在河蚌体内只植入了外套膜细胞小片而没有植入珠核所形成的珍珠称为无核珍珠。淡水珍珠多数属于无核珍珠。因没有植入圆球形的珠核，故形成的珍珠形态多样，如米粒形、水滴形、椭圆形、算盘珠形等非正圆形。

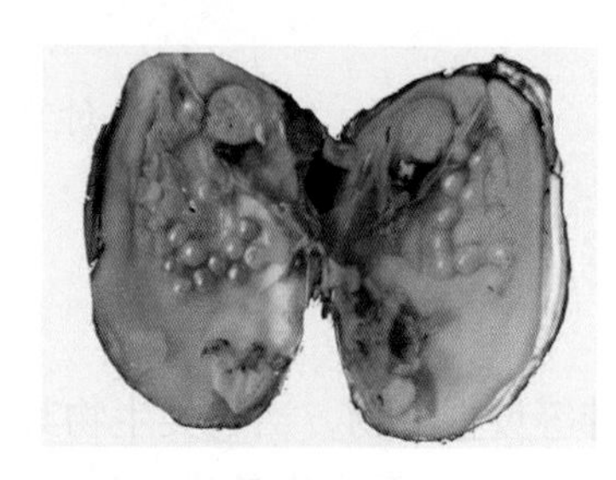

无核珍珠

★百度，网址链接：https://timgsa.baidu.com/timg？image&quality=80&size=b10000_10000&sec=1523028923&di=4e792c4d365162784d81904ddfe40bb0&src=http://img1.windmsn.com/b/2/277/27786/2778684.jpg

（编撰人：王梅芳；审核人：王梅芳）

11. 人工有核珍珠是如何形成的?

根据珍珠贝能分泌珍珠质形成珍珠的生理机能，在珍珠贝的体内人工植入外套膜细胞小片及珠核，经过一定时间养殖培育出来的珍珠称为有核珍珠。有核珍珠因内含正圆球形的珠核，故珍珠形态多为正圆形。

养殖海水珍珠一般为有核珍珠，目前用于培育海水珍珠的贝类主要是分布于广西、广东和海南沿海的马氏珠母贝，一只育珠贝最多能植入2粒珠核，经一年左右的海区养殖，可培育出2粒珍珠。

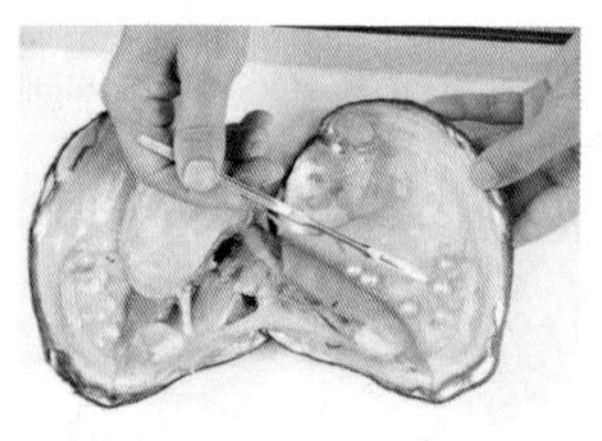

海水有核珍珠（马氏珠母贝）　淡水有核珍珠（三角帆蚌）

★百度，网址链接：https://timgsa.baidu.com/timg？image&quality=80&size=b10000_10000&sec=1523028966&di=e9ddd99ee914e9c2c1dd651d88200d02&src=http://img96.ph.126.net/lDG825Gkl8qZHioEdx422g==/2041256531107268948.jpg

https://timgsa.baidu.com/timg？image&quality=80&size=b10000_10000&sec=1523032399&di=3df2b48bc04226cf526e660a15b34c9e&src=http://s4.sinaimg.cn/mw690/001X8IFqgy6GDgsIxHB33

培育淡水有核珍珠的贝主要是三角帆蚌，一只育珠贝可植入多粒珠核，经2年左右的池塘养殖，可培育出多粒有核珍珠。

（编撰人：王梅芳；审核人：王梅芳）

12. 鲍鱼的壳有什么利用价值?

（1）药用价值。鲍鱼的壳是一种珍贵的中药材，在我国中医药学中被称为石决明，又因形似人的耳朵故称为耳片壳。记载有清热明目作用，用于高血压、头晕、青盲内障的治疗。

（2）收藏价值。鲍鱼壳可以加工成漂亮的工艺品。鲍鱼壳表面具有不同的颜色，加工打磨后形成各不相同的花纹图案，光彩夺目。壳内面光滑，具有绚丽多彩的珍珠光泽。加工后鲍鱼壳独特的外观形态及图案色彩具有很高的观赏性，吸引了众多关注的目光，且壳质坚厚不易碎，便于收藏，可作为艺术品鉴赏。

鲍鱼壳卵圆形，边缘有一列逐渐增大的凸起和小孔，末端开孔数随不同种类而异，如我国南方沿海分布的杂色鲍开孔7～9个，北方沿海分布的皱纹盘鲍开孔4～5个。壳上的小孔随鲍鱼的生长、壳的增大而逐渐形成，又逐渐闭合形成凸起，使每一片壳的形态都具有了唯一性，加之每片壳都有独特的花纹特征，增加了收藏价值。

鲍鱼壳

★百度，网址链接：https://timgsa.baidu.com/timg? image&quality=80&size=b9999_10000&sec=1523157821752&di=4278e7ff1e47599197e1dab124365266&imgtype=0&src=http%3A%2F%2Fimg1.bmlink.com%2Fbig%2Fsupply%2F2013%2F9%2F18%2F9%2F0350039028725605.jpg

（编撰人：王梅芳；审核人：王梅芳）

13. “海八珍”中的干贝是什么?

在众多的海产品中，燕窝、海参、鱼翅、鲍鱼、鱼肚、干贝、鱼唇、鱼子，被视为宴席上的上乘佳肴，俗称“海八珍”。而“海八珍”中的干贝，指的就是扇贝的干制品，是以扇贝的闭壳肌作为原料风干而成。

干贝营养丰富，富含蛋白质、碳水化合物、核黄素和钙、磷、铁等多种营养成分。干贝含丰富的谷氨酸钠，故味道非常鲜美，与新鲜扇贝相比，干贝腥味大减。

干贝

扇贝

★昵图网，网址链接：http://pic34.nipic.com/20131030/5302020_110009648183_2.jpg
http://pic29.nipic.com/20130514/9544111_160931854000_2.jpg

（编撰人：王梅芳；审核人：王梅芳）

14. 鱿鱼、章鱼、乌贼有什么区别?

鱿鱼、章鱼和乌贼都属于在海洋中生活的软体动物，均归为头部发达可做游泳运动的头足类，且具有墨囊，遇到强敌时会以“喷墨”作为逃生的手段，或可变色伪装进行防卫。但在外观形态、结构、生活习性等方面仍存在差异。

（1）外观形态、结构的不同。

章鱼：俗称八带鱼、八爪鱼。有8条腕足，躯体呈短卵圆形、囊状，无鳍；无内壳或内壳退化。

乌贼：俗称墨鱼、墨斗鱼。有10条腕足，躯体呈椭圆形，在身体的两侧有肉鳍，体内有一船形石灰质内壳（称为乌贼骨、墨鱼骨或海螵蛸）。

鱿鱼：也称柔鱼。有10条腕足，躯干部细长呈长锥形，在尾端有肉鳍呈三角形，体内有一长条形透明角质内壳。

（2）生活习性不同。

章鱼：浅海底栖生活，一般用腕中吸盘沿海底爬行，动作缓慢，喜欢待在黑暗的环境之中。

乌贼：浅海底栖生活，但可在海中做快速游动。

鱿鱼：常于浅海中上层活动，快速游动追捕鱼群或虾群，为掠食习性。

章鱼　　乌贼　　鱿鱼

★百度，网址链接：https://timgsa.baidu.com/timg？image&quality=80&size=b9999_10000&sec=1523086349307&di=973849aa8d025b1b736666a2ad241c2c&imgtype=0&src=http%3A%2F%2Fg.hiphotos.baidu.com%2Fexp%2Fw%3D500%2Fsign%3Dedd4d60bccea15ce41eee00986023a25%2F203fb80e7bec54e7d83ea290bc389b504ec26a6a.jpg

https://gss1.bdstatic.com/-vo3dSag_xI4khGkpoWK1HF6hhy/baike/c0%3Dbaike150%2C5%2C5%2C150%2C50/sign=521f53b8a0ec8a1300175fb2966afaea/500fd9f9d72a6059201e964d2134349b033bba5e.jpg

★全景网，网址链接：http://www.quanjing.com/imgbuy/tip243t002946.html

（编撰人：王梅芳；审核人：王梅芳）

15. 如何区分“四大名螺”？

万宝螺、唐冠螺、凤尾螺和鹦鹉螺并称四大名螺，具有珍贵的收藏价值。

（1）万宝螺。壳厚而沉，颜色鲜艳，光泽度好。壳表色彩主要由红褐色和少量白色相互交融，而唇口颜色金黄，尊贵无比，手感光滑而温润。万宝螺产地较广，大多生成于太平洋及印度洋的热带区域内的珊瑚礁周围，中国的万宝螺绝大部分产于海南岛东北海域，目前数量稀少难捕捉。万宝螺有收藏、观赏、装饰价值，收藏家中有招财进宝之寓意。

（2）唐冠螺。属于大型海螺。贝壳大而厚重，长和高都可以达到30cm，灰白色到金黄色，具金属光泽，形状像唐代的冠帽，因而得名。通常螺塔低，贝壳膨胀，肩部有5～7个角状凸起。内、外唇扩张，呈橘黄色的盾面。形状独特而美丽，是居家陈设和把玩的珍品，其市场价格也不菲。

（3）凤尾螺。学名法螺，因螺壳颜色与斑纹酷似孔雀尾羽的漂亮花纹，故民间俗称凤尾螺。凤尾螺塔高而尖，高度低于总壳高的一半，螺顶常缺损。每层宽大的体层常有两条明显的纵胀肋。贝壳表面光亮，壳表为乳白色至黄褐色，具黄褐色或紫色鳞状斑纹。壳口卵圆形，内面橘红色，具瓷光。

凤尾螺也称海神法螺，海民常用来作号角，其音浑厚雄壮，有“驱魔避邪保平安”之意。古人将其作为神物，供奉于寺庙中。在佛教中为佛之法音的标帜，是智慧和力量的象征。

分布于印度太平洋、日本南部、大洋洲。

（4）鹦鹉螺。贝壳美丽，构造颇具特色，螺旋形外壳光滑如圆盘状，形似鹦鹉嘴。壳大而厚，外层磁质灰白色，后方间杂着橙红色的波纹，内层是富有光泽的珍珠层。

鹦鹉螺分布于热带印度洋、西太平洋珊瑚礁海域，被称作海洋中的“活化石”，是现代章鱼、乌贼类的亲戚。

鹦鹉螺外壳截剖呈现出许多螺旋形排列的独立“气室”，它决定了鹦鹉螺的沉浮。鹦鹉螺独特的构造在现代仿生科学上也占有一席之地，1954年，美国研制出世界第一艘核潜艇被命名为“鹦鹉螺”号。

万宝螺

唐冠螺

凤尾螺

鹦鹉螺

★设图网，网址链接：https://p1.ssl.qhmsg.com/t01a7c5707cd3b84dd6.jpg
https://p1.ssl.qhmsg.com/t016695b1f40862e9e9.jpg
https://p1.ssl.qhmsg.com/t0187a8dd466a98ec7c.jpg
★人文网，网址链接：http://photo.renwen.com/0/891/89153_1353329160314684_s.jpg

（编撰人：王梅芳；审核人：王梅芳）

16. 海螵蛸是什么？

海螵蛸，中药名，为乌贼科软体动物（无针乌贼或金乌贼）的干燥内壳，俗称乌贼骨、墨鱼骨，是常用中药材，具有收敛止血，涩精止带，制酸止痛等功效。用于外治损伤出血，湿疹湿疮。

乌贼的内壳位于背部中央皮肤下的壳囊内，船形、石灰质，背侧硬，腹侧疏松，空隙多。内壳不但可以增加身体的坚强性，又可使身体比重减小，有利于游泳，并有助于保持平衡。

在我国乌贼分布于渤海、黄海、东海、南海，是重要的海产经济品种，其中金乌贼曾是我国重要的捕捞对象，但自20世纪80年代以来，由于过度捕捞和海洋环境的破坏等多种原因，其资源量明显衰退，产量急剧下降。

海螵蛸

★百度，网址链接：https://timgsa.baidu.com/timg？image&quality=80&size=b9999_10000&sec=1523106966982&di=20b489126d2ca4fc7cae16c10fe1434d&imgtype=0&src=http%3A%2F%2Fwenwen.soso.com%2Fp%2F20100222%2F20100222133644-1310773733.jpg

（编撰人：王梅芳；审核人：王梅芳）

17. 鱿鱼是不是鱼？

鱿鱼的名字中虽然带有一个“鱼”字，但鱿鱼并不是鱼类，是生活在海洋中的一种软体动物。鱿鱼体圆锥形，头大，前方生有腕足10条，尾端的肉鳍呈三角形，在分类学上，是属于软体动物门、头足纲、十腕目的动物。

鱼类等脊椎动物具有支撑躯体的脊椎，但鱿鱼在发育过程中，从胚胎到成体都不出现脊索或脊椎，因而归属于无脊椎动物，只因能向鱼类一样快速游动，故名字中带有鱼字。

鱿鱼

★昵图网，网址链接：https://p1.ssl.qhmsg.com/t010e669f0bca4ebabe.jpg

（编撰人：王梅芳；审核人：王梅芳）

18. 鲍鱼是不是鱼？

鲍鱼，虽名为鱼，却不是鱼，是一种贝类。因具有一螺旋形贝壳，属于单壳类的海洋软体动物，与通常称为“螺”的生物亲缘关系较近。

鲍鱼是名贵的“海珍品”之一，鲍鱼的肉足宽大肥厚，肉质细嫩，营养丰富，因富含谷氨酸，味道非常鲜美，历来被称为“海味珍品之冠”。

鲍鱼贝壳较厚，卵圆形。壳内面珍珠光泽绚丽，肉足痕迹独特，可作为艺术品鉴赏收藏，壳还可入药（中药名：石决明）。

我国的鲍鱼品种主要有两种，在东南沿海分布的杂色鲍，又称九孔鲍，其壳边缘有一行逐渐增大的凸起和小孔，末端有7～9个开孔。而在北部渤海湾分布的皱纹盘鲍贝壳边缘有4～5个小孔。

鲍鱼

★百度百科，网址链接：https://gss0.bdstatic.com/-4o3dSag_xI4khGkpoWK1HF6hhy/baike/c0%3Dbaike116%2C5%2C5%2C116%2C38/sign=2cd7316aef24b899ca31716a0f6f76f0/54fbb2fb43166d224ba50efe402309f79152d28d.jpg

（编撰人：王梅芳；审核人：王梅芳）

19. 乌贼蛋是什么?

乌贼即墨鱼，乌贼蛋即墨鱼蛋，是指雌墨鱼的缠卵腺。

雌性墨鱼具卵巢一个，位于生殖腔中。卵成熟后落在腔内。在内脏团后端，直肠两侧内脏囊壁上有一对大的缠卵腺，开口于外套腔，其分泌物形成卵的外壳及一种遇水即变硬的弹性物质，可将卵黏成卵群，使卵串附着在海底的海藻或其他物体上。缠卵腺前还有一对小型副缠卵腺。

墨鱼蛋大的如鸡蛋，小的似鸽蛋，可以鲜食，也可以制成干品或腌制，味道鲜美，营养丰富，是餐桌上的美味佳肴。

墨鱼

墨鱼蛋

★99健康网，网址链接：http://p5.so.qhimgs1.com/t01b1c30c84f86a947b.jpg
★图片114网，网址链接：http://image.tupian114.com/20141110/16040216.jpg

（编撰人：王梅芳；审核人：王梅芳）

20. 石决明是什么?

石决明，中药名，就是鲍鱼的壳。也称海决明，有平肝清热，明目去翳的功效。

目前市场上石决明的主要来源为鲍鱼科动物杂色鲍、皱纹盘鲍、耳鲍、羊鲍等的贝壳。

石决明主要成分是碳酸钙、壳角质和氨基酸，含碳酸钙90%以上，有机质约3.67%，尚含少量镁、铁等，煅烧后碳酸盐分解，形成氧化钙，有机质则破坏。

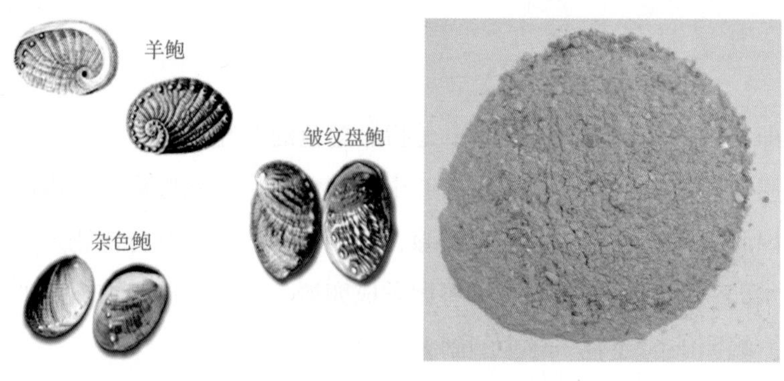

杂色鲍、皱纹盘鲍、羊鲍　　**石决明粉**

★丰健康网，网址链接：http://www.feng.com.my/v2/wp-content/uploads/2011/06/sjming3.jpg
★中医e百，网址链接：http://www.tcm100.com/Images_ZhongYaoXue/Shijueming-YinPian.jpg

（编撰人：王梅芳；审核人：王梅芳）

21. 瓦楞子是什么?

瓦楞子指魁蚶、泥蚶及毛蚶等蚶科软体动物的贝壳，又名蛤壳、瓦屋子。

该类生物贝壳表面放射肋宽，生长轮脉明显，因壳上沟纹似瓦屋之垄，故称为瓦楞子。

贝壳主要成分为碳酸钙，含90%以上，尚含硅酸盐和少量无机元素铁、钾、锰等。

瓦楞子是一种中药材。将蚶壳用水洗净，捞出，干燥，碾碎，生品用于散瘀消痰，煅烧碾碎后用于制酸止痛。

瓦楞子

★东方保健品网，网址链接：http://www.bjp321.com/file/upload/201606/23/16-23-18-57-1.jpg

（编撰人：王梅芳；审核人：王梅芳）

22. 淡菜是什么?

贻贝是一种海洋软体动物，属于双壳类。贻贝在中国北方俗称海红，在中国南方俗称青口，它的干制品有两种：一种称“淡菜”，另一种称“蝴蝶干”，是驰名中外的海产食品。前者为熟肉干制品，后者为鲜肉干制品（用大型个体，取肉切腹，形似蝴蝶）。蝴蝶干价格比淡菜高一倍。淡菜不仅口感好而且营养价值很高，蛋白质含量约占干肉含量的53.5%，其中含有8种人体必需的氨基酸，脂肪含量为7%，且大多是不饱和脂肪酸。另外，淡菜还含有丰富的钙、磷、铁、锌和维生素B、烟酸等营养素。淡菜的营养价值仅次于鸡蛋，但比一般鱼、虾肉都高，而且容易消化吸收，因此，又有“海中鸡蛋”之称。适量食用淡菜对促进新陈代谢，保证大脑和身体活动的营养供给具有积极的作用。

（编撰人：付京花；审核人：付京花）

23. 蚝豉是什么?

蚝豉也称“蛎干”，是牡蛎（也称蚝）肉制成的干品。主产于广东，是广东人民喜爱的菜肴。牡蛎，别名蛎黄、海蛎子，是一种大众化的海味食品，是贝类养殖的主要对象之一。

蚝豉的制法有两种：一般是把鲜牡蛎肉及汁液一起煮熟，再晒干或烘干，制成的称“熟蚝豉”。若要保持全味则不煮，将鲜牡蛎肉平铺在竹箔上进行暴晒。初晒时每隔1～2h翻动一次，以免粘贴竹箔上。1d后，牡蛎肉稍干硬，则用竹片在牡蛎肉闭壳肌稍前方穿成一圈或一排，每圈或排为20～30个，再晒3～5d变为鲜晒蛎干，南方称生晒蚝豉。手捏感觉干和饱满，闻起来有蚝香味，金黄色蚝豉是上品。蚝豉中含有多种优良的氨基酸、维生素B_{12}、牛磺酸、钙、磷以及丰富的微量元素，一般人群均可实用。

（编撰人：付京花；审核人：付京花）

24. 海马是不是鱼?

海马是鱼，不是马，因其头部与马头相似而得名。海马是一种小型鱼类，头部弯曲，与身体形成钝角或直角，吻细长，呈管状。身体表面无鳞片，由骨质环包裹。尾部细长，能卷曲成环状。人们形象地将它的样子描述成“马头蛇尾瓦楞身”。

海马为近海小型鱼类。一般体长10.6～17.5cm，以尾部卷附于海藻上，以垂直状态游泳，游泳慢。体色与环境相似，以防御敌害。繁殖过程特殊，雄鱼尾部腹面有育儿囊，雌鱼将卵产于袋中，生长发育至幼苗产出。主要以小型甲壳动物为食，摄食时用吻将食物吸入体内。

海马为名贵的中药材，药用价值很高，乙醇提取物具雄性激素样作用，有温肾壮阳、散结消肿等功效。

海马在我国沿海均有分布，药效相似的有分布于广东、福建沿海的线纹海马、刺海马、大海马、小海马及分布于辽宁、山东沿海的日本海马。

海马

★Pixabay，网址链接：https://pixabay.com/zh/%E7%BA%A2%E8%89%B2-%E6%B0%B4-%E9%B1%BC-%E9%87%91-%E6%B0%B4%E6%97%8F%E9%A6%86-%E6%B5%B7%E9%A9%AC-1283776/

（编撰人：王梅芳；审核人：王梅芳）

25. 墨鱼是不是鱼？

墨鱼，即乌贼，属于软体动物门、头足纲、十腕目、乌贼科。墨鱼是软体动物，不是鱼类。

墨鱼的躯体分为头部、胴部和足部。头部发达，呈袋形，有一双结构复杂的大眼。身体前端中央有口，口内有齿舌。口的周围有10条腕，为特化的足部，腕上生有吸盘，其中一对腕与身体等长，能收缩，称为触腕，可助其捕食。腹面有一个漏斗，为生殖细胞、排泄物、墨汁和水的出口，也是主要的运动器官，利用喷水的反作用力使身体前行。内脏团被外套膜包裹，且外套膜内有内壳，称为海螵蛸，有维持身体平衡和调节身体在水中沉浮的作用。体内有发达的墨囊，遇到危险时会从漏斗处放出墨汁以躲避敌害，故得名墨鱼。

墨鱼一般在海洋深处生活，主要以小鱼和甲壳类为食。墨鱼的食用价值和药用价值很高，肉可鲜食，亦可干制；海螵蛸可作为中药材，可治胃病、吐血、妇女血崩等；墨囊内的黑色素可用作止血药物。

乌贼

★蓝色动物学，网址链接：http://www.blueanimalbio.com/ruantidongwu/wuzei.htm

（编撰人：王梅芳；审核人：王梅芳）

26. 如何区分比目鱼？

比目鱼指硬骨鱼纲鲽形目的鱼类，如餐桌上常见到的“多宝鱼”即大菱鲆。

比目鱼的身体侧扁平，一般呈长椭圆形或卵圆形。身体左右不对称，体表被细密的鳞片，且双眼均位于头部的一侧，或左侧或右侧。双眼所在一侧的体色与生活环境相近，身体朝下一侧的体色为白色。鳍一般无鳍棘，背鳍和臀鳍均延长。一般无鳔。比目鱼是近海岸底栖鱼类，一般栖息于温带浅海的沙质海底，平卧于水底生活，主要以小型鱼类和甲壳类为食，为重要的经济鱼类。幼鱼时外形与一般鱼类相同，营浮游生活，而后双眼渐移至头部一侧，转为底栖生活。

比目鱼的种类繁多，常见的为鲆科、鲽科、鳎科和舌鳎科，如牙鲆、大菱鲆、高眼鲽、木叶鲽、条鳎、半滑舌鳎。一般情况下，鲆科、鲽科鱼类的背鳍及臀鳍的尾部与尾鳍分开，鲆科鱼类的双眼位于身体左侧，鲽科的双眼位于身体右侧。鳎科、舌鳎科鱼类的背鳍及臀鳍多与尾鳍相连，鳎科鱼类的双眼一般位于身体右侧，而舌鳎科的双眼则位于身体左侧。

比目鱼

鲆　　舌鳎

★pixabay，网址链接：https://pixabay.com/zh/%E9%9E%8B%E5%BA%95-%E6%AF%94%E7%9B%AE%E9%B1%BC-%E9%B1%BC-2057110/
★360百科，网址链接：https://baike.so.com/doc/3042185-3207211.html
★360百科，网址链接：https://baike.so.com/doc/5702621-5915337.html

（编撰人：王梅芳；审核人：王梅芳）

27. 海龙是不是鱼？

海龙是鱼类，因外形像龙而称之。虽外形与一般鱼类稍有差别，但符合鱼类的主要特征。

海龙的身体细长，似神话中的龙。与海马同属海龙科。全身被膜质骨片包裹，吻为长管状，鳃裂小。用鳃呼吸。一般具有背鳍、胸鳍和臀鳍，无腹鳍。雄性腹部有育儿囊。通常生活在礁石、藻类丛生的水域中，主要摄食浮游动物和小型甲壳类。

海龙的繁殖方式很特殊，雌鱼将受精卵产于雄鱼腹部的育儿囊中，受精卵会在育儿囊内生长发育至幼鱼孵出。海龙具有很高的药用价值，为名贵的中药材，有补肾壮阳、镇静安神、散结消肿、舒筋活络等功效。

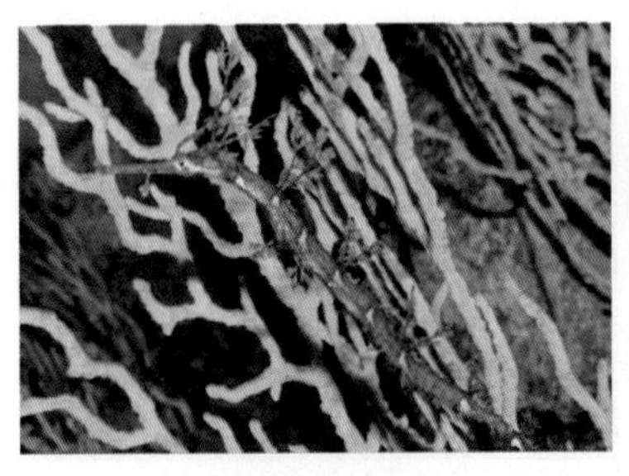

带状多环海龙

带纹须海龙

宫海龙

★蓝色动物学，网址链接：http://www.blueanimalbio.com/fish/Osteichthyes/ciyu/ciyu.htm

（编撰人：王梅芳；审核人：王梅芳）

28. 文昌鱼是不是鱼？

文昌鱼，虽外形像鱼，但并非鱼类。属于脊索动物门的头索动物，是一类终身具有发达脊索、背神经管和咽鳃裂等特征的无头鱼形脊索动物。是无脊椎动物向脊椎动物进化的过渡类型，也是研究脊索动物演化和系统发育的优良科学实验材料，具有重要的科学价值。

文昌鱼是以纵贯全身的脊索作为支持身体的中轴支架，终身脊索，尚未形成骨质的骨骼，而鱼类已形成骨质的骨骼，以脊椎作为中轴支架，属脊椎动物，进化程度高于文昌鱼。

文昌鱼的体形似小鱼，半透明状，身体侧扁，两端尖细，无明显的头部。体表外覆有一层角皮层，皮肤薄而半透明。头端有眼点，腹面有口笠，口笠周围有许多缘膜触手，具有保护和过滤的作用。一般具有背鳍、尾鳍和臀鳍，没有偶鳍，而腹面两侧各有一条纵褶，称为腹褶。一般为雌雄异体，生殖腺在身体两侧成对排列。多栖息在泥沙质的海底，身体常藏于泥沙中，仅露出头端，主要靠缘膜触手滤食水体中的小型浮游生物。

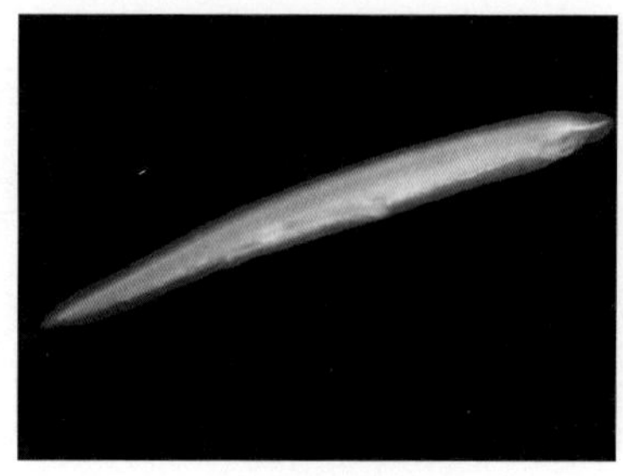

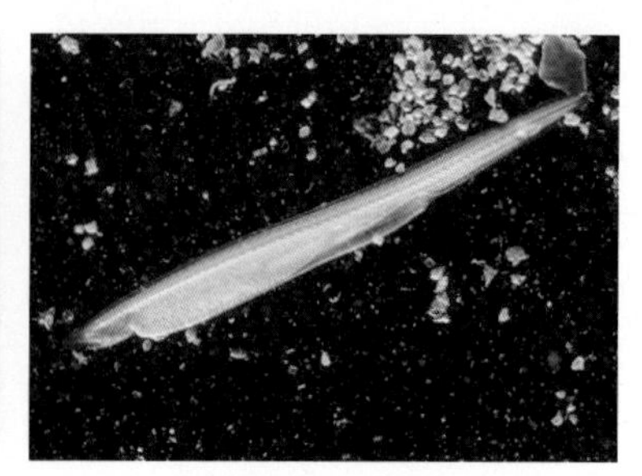

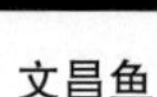

文昌鱼　　厦门白氏文昌鱼

★蓝色动物学，网址链接：http://www.blueanimalbio.com/jisuo/tousuo.htm

（编撰人：王梅芳；审核人：王梅芳）

29. 河鲀的毒素是从哪里来的？

河鲀体内含有一种名为河鲀毒素（简称TTX）的剧毒类神经毒素，微量的河鲀毒素便可使人中毒。

关于河鲀的毒素的来源早已引起了众多研究者的关注，目前大多数学者认为河鲀体内的毒素是通过食物链富集的，河鲀肝脏吸收河鲀毒素的能力比其他鱼类肝脏的吸收能力要强。实验也证明，人工养殖的河鲀不含河鲀毒素，但是在饲料中添加有毒河鲀的肝脏，养殖河鲀体内就含有河鲀毒素。

近年来，有学者也认为河鲀体内的毒素是食物链和微生物共同作用的结果。一些其他生物体内含有许多能分泌河鲀毒素及其类似物的细菌，河鲀在摄食含有这些细菌的生物后，这些毒素便聚集在河鲀的体内。

鲀科（凹鼻鲀）

鲀科（墨绿凹鼻鲀）

★蓝色动物学，网址链接：http://www.blueanimalbio.com/fish/Osteichthyes/tun/tun.htm

（编撰人：王梅芳；审核人：王梅芳）

30. 河鲀的毒性有多大？

河鲀含有河鲀毒素，属于神经剧毒类，微量的河鲀毒素便可引起中毒，对人的致死量为5～6μg/kg体重，毒素耐热，100℃下8h不被破坏，毒性比氰化钠强1 250倍。

河鲀体内的毒素含量随部位和季节的不同有差异，毒素含量顺序为：卵巢、肝脏>脾脏>血液>皮肤、眼睛、鳃>精巢。肉（即肌肉组织）无毒。繁殖季节卵巢的毒性最大。

由此可知，河鲀并非全身都有剧毒而不能食用。其实河鲀肉味鲜美，在民间流传着“拼死吃河鲀”“食得一口河鲀肉，从此不闻天下鱼”的说法。

但因误食或处理不慎，食用河鲀后会发生中毒，主要为神经中毒，一般在食用后半小时至一小时内出现症状。初始时为感觉神经迟钝麻木，并伴有恶心呕吐的症状。之后为运动神经麻痹失调，表现为四肢麻木、血压下降、口齿不清、神志不清、呼吸困难。严重者会出现呼吸停止、心跳停止，最终导致死亡。

鲀科（点条方头鲀）

鲀科（里氏短刺圆鲀）

★蓝色动物学，网址链接：http://www.blueanimalbio.com/fish/Osteichthyes/tun/tun.htm

（编撰人：王梅芳；审核人：王梅芳）

31. 河鲀为什么不会被自己毒死？

河鲀毒素的毒性强，食用河鲀不当会导致人中毒甚至死亡，但是河鲀自身却不会被毒素毒死，这是因为河鲀对河鲀毒素具有免疫力。

河鲀对河鲀毒素具有免疫力，主要有两方面：一是河鲀体内具有河鲀毒素结合蛋白，这种蛋白可与河鲀毒素进行特异性结合，故毒素不会对河鲀自身造成伤害；二是河鲀体内具有抗河鲀毒素的钠离子通道，钠离子通道上河鲀毒素结合位点所处的区域含有非芳香族氨基酸，这种物质会影响结合位点与河鲀毒素的结合，从而使河鲀自身对河鲀毒素免疫。

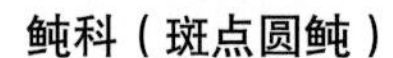

鲀科（斑点圆鲀）　　鲀科（斑点东方鲀）

★蓝色动物学，网址链接：http://www.blueanimalbio.com/fish/Osteichthyes/tun/tun.htm

（编撰人：王梅芳；审核人：王梅芳）

32. 为什么河鲀会变得圆鼓鼓的?

提及河鲀，都会想到它是剧毒鱼类或它的肉味鲜美营养丰富，但河鲀还有一个很特别的习性，就是胀腹习性。河鲀可通过吸气或吸水使自己的身体变成球形，圆鼓鼓的，故河鲀又名“气泡鱼”“吹肚鱼”。

河鲀为暖温带及热带近海底层鱼类，栖息于海洋的中层和下层，有少数种类进入淡水江河中，为杂食性鱼类。河鲀具有发达的气囊，且腹部的皮肤伸缩性强。当遇到外敌时，会吸入大量的空气，腹腔气囊则迅速膨胀，使整个身体呈球状浮上水面，同时皮肤上的小刺竖起，借以自卫。

河鲀的胀腹习性，与主动性的自卫和威吓敌害有关，亦有装死逃避敌害的功能。

鲀科（小圆鲀）　　鲀科（阿拉伯鲀）

★蓝色动物学，网址链接：http://www.blueanimalbio.com/fish/Osteichthyes/tun/tun.htm

（编撰人：王梅芳；审核人：王梅芳）

33. 如何区分我国不同的牡蛎品种?

我国主要的养殖种类有近江牡蛎、褶牡蛎、大连湾牡蛎、太平洋牡蛎（长牡蛎）和密鳞牡蛎等。

（1）近江牡蛎。贝壳大型而坚厚。体型多样，有圆形、卵圆形、三角形和延长形。两壳外面环生薄而平直的黄褐色或暗紫色鳞片，一般随年龄的增长而变厚。韧带槽长而宽。

（2）褶牡蛎（又名僧帽牡蛎）。贝壳小型，薄而脆，大多为三角形。后壳表面具多层同心环状的鳞片，颜色多样，间有紫褐色或黑色条纹；左壳表面凸出，顶部固着面较大，具有粗壮放射肋，鳞片层较少，颜色比右壳淡些，前凹陷极深。韧带槽狭长，呈锐角三角形。两壳内面灰白色。闭壳肌痕黄褐色，卵圆形，位于背后方。

（3）大连湾牡蛎。壳大型，中等厚度，椭圆形，壳顶部扩张成三角形，右壳扁平，壳面具水波状鳞片；左壳坚厚，凹陷较大，放射肋粗壮。韧带槽呈牛角形。闭壳肌痕近圆形，多为紫褐色。

（4）太平洋牡蛎。又名长牡蛎，贝壳长形，壳较薄。壳长为壳高的3倍。右壳较平，鳞片坚厚，环生鳞片呈波纹状，排列稀疏。放射肋不明显。左壳深陷，鳞片粗大。左壳壳顶固着面小，壳内面白色，壳顶内面有宽大的韧带槽。闭壳肌痕大，外套膜边缘呈黑色。

（5）密鳞牡蛎。壳厚大，近圆形或卵圆形。壳顶前后常有耳。右壳较平，左壳稍大而凹陷。右壳表面布有薄而细密的鳞片。左壳稍凹，鳞片疏而粗壮，放射肋粗大，肋宽大于肋间距。铰合部狭窄，壳内面白色。韧带槽三角形。壳顶两侧各有单行小齿1列。闭壳肌痕大，呈肾形。

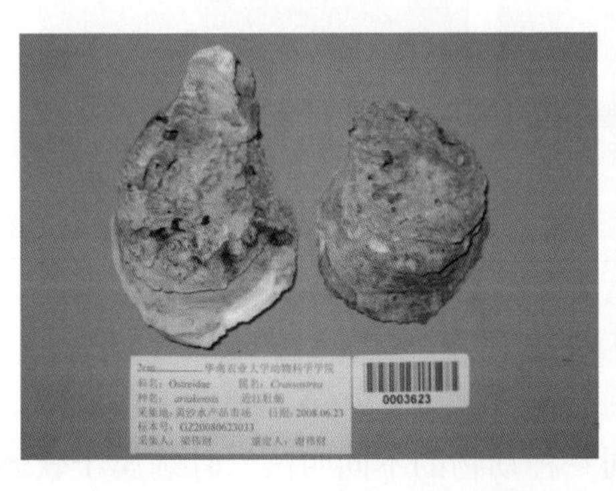

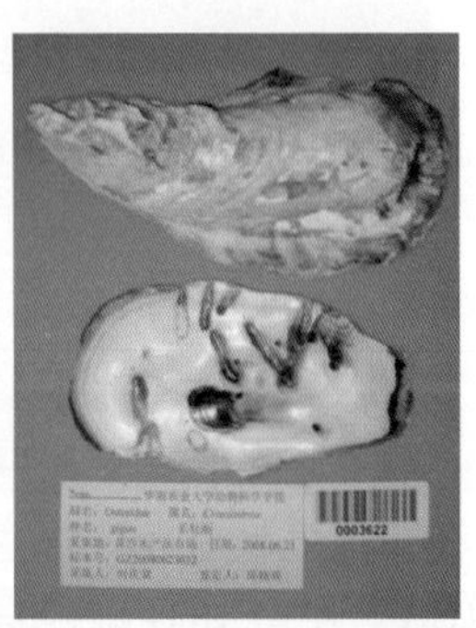

牡蛎（图片来源：自摄）

（编撰人：付京花；审核人：付京花）

34. 如何区分我国不同的鲍鱼品种?

目前我国鲍鱼的主要养殖种类有皱纹盘鲍和杂色鲍。

（1）皱纹盘鲍。贝壳大而坚实，呈椭圆形。螺层约3层。体螺层大，几乎占贝壳的全部，有1列凸起，开孔4～5个。壳面被这列凸起和小孔分成左、右两部分。左部狭长且较平滑。右部宽大、粗糙，有多数瘤状或波状隆起。壳表面深褐色，生长纹明显。贝壳内面银白色。壳口大，卵圆形，外唇薄，内唇厚。

（2）杂色鲍。贝壳坚厚，耳形。螺旋部较小，体螺层极大。壳面的左侧有一列凸起，凸起约20个，开口7～9个，其余的皆闭塞。壳表绿褐色，生长纹细密。生长纹与放射肋交错使壳面呈布纹状。贝壳内面银白色，具珍珠光泽。壳口大。外唇薄，内唇向内形成片状遮缘。无厣，足发达。

鲍鱼（图片来源：自摄）

（编撰人：付京花；审核人：付京花）

35. 生蚝和牡蛎是同一种动物吗?

一般来说，生蚝和牡蛎是同一种动物的不同叫法。牡蛎属于软体动物中的双壳纲，具有两片贝壳，一片小而平，一片大而隆起，呈类三角形，背腹缘呈“八”字形，右壳外面淡黄色，具疏松的起伏呈波浪状的同心鳞片。壳的表面凹凸不平。福建、广东称蚝（或生蚝）或蚵，江苏、浙江称蛎黄，山东以北称蛎子或海蛎子。主要的养殖种类有近江牡蛎、褶牡蛎、太平洋牡蛎（长牡蛎）、大连湾牡蛎和密鳞牡蛎等。

但是也有人认为牡蛎是一个统称，包含多个品种，而生蚝是牡蛎品种中个头比较大的一种，个头大的一个就有0.5kg以上，它一般是生长或养殖在江河与大海交汇处，在半咸半淡的内湾浅海上。由于它对生长条件的要求比较高，所以它的数量比其他品种少，所以它的经济价位一般比较高。

（编撰人：付京花；审核人：付京花）

36. 蚝油和生蚝有关系吗?

蚝油和生蚝当然是有关系的。牡蛎属于软体动物中的双壳纲，具有两片贝壳，一片小而平，一片大而隆起，呈类三角形，背腹缘呈“八”字形，右壳外面淡黄色，具疏松的起伏呈波浪状的同心鳞片，内面白色。壳的表面凹凸不平。牡蛎肉是一种高蛋白、低脂肪食品，含有丰富的维生素和微量元素，容易被人体消化吸收。

蚝油是把牡蛎加工时煮剩的汤汁经多道工序浓缩后制成的，因广东人把牡蛎称为“蚝”，所以就称之为“蚝油”。或者将牡蛎去壳后加酒用微火煮约一小时，再使用纱布袋将汤汁拧干，继续煮到汤汁呈浑浊状态，趁热密封在瓶子里，可作为调制食物的调味料。蚝油含有较高的蛋白质、氨基酸、糖类、有机酸、维生素B_1、维生素B_2以及微量元素锌、铁等多种营养成分。

（编撰人：付京花；审核人：付京花）

37. 新鲜鲍鱼和干鲍哪个价格更高?

一般干鲍的价格，高于新鲜鲍鱼。

鲍鱼是我国传统的名贵食材，其肉质细嫩、鲜味浓郁，位列“海产八珍”之一，素称“海味之冠”，是极为珍贵的海产品。鲍鱼的收获期一般在它们的繁殖期，此时的鲍鱼肉足肥厚，生殖腺丰满，最为肥美，故有“七月流霞鲍鱼肥”之说。鲍鱼捕捞上岸后，渔民们很难将其全部以鲜活形式供应市场，因此鲍鱼一般分为鲜活、冷冻、干鲍、罐头4种产品。目前国内市场上销售量最大的是鲜活鲍鱼。鲍鱼可生食，鲍肉切成3～4mm厚的薄片，要求肉质脆嫩而不坚韧。不习惯吃生鲍的，以红烧或与肉类同煮。

干鲍鱼和新鲜鲍鱼各有特色，新鲜鲍鱼吃起来鲜味浓郁，干鲍鱼要用高汤煨，口感也很不错。干鲍鱼是相当名贵的食品。一般都需要经过晾晒、盐渍、水煮、烘干、吊晒等一系列复杂而精细的处理过程。受地域气候影响，不同地方干鲍加工技术有所不同。加工完成的干鲍需要一个存放成熟的过程，放置时间越长风味越好。鲍鱼在干制保藏过程中其物理化学性质、组织构造会发生变化，内部出现溏心效果，在质感方面大大超过了鲜鲍鱼。所以，其价格也高于新鲜鲍鱼。

干鲍

★360图片，网址链接：http://image.so.com

（编撰人：付京花；审核人：付京花）

38. 生活中常吃的“花甲”是什么？

花甲也叫花蛤，通常是对产于中国近海的某些帘蛤科贝类的一种俗称，尤指小眼花帘蛤、菲律宾蛤仔。其中小眼花帘蛤又称杂色蛤，与菲律宾蛤仔一起俗称花蛤，也叫花甲，是我国常见的海产贝类之一。壳坚固，左右两壳相等；两侧不等，壳顶位于前半部分；外形略呈椭圆形。韧带内嵌，不凸出壳面，壳面有清晰可见的浅色和深色细密的放射肋。

花甲肉可食用，且营养价值很高。在我国，有很多家庭和许多大排档使用各种烹饪方式烹制花甲。花甲肉味鲜美、营养丰富，蛋白质含量高，氨基酸的种类组成及配比合理；脂肪含量低，不饱和脂肪酸较高，易被人体消化吸收，还有各种维生素和药用成分。含钙、镁、铁、锌等多种人体必需的微量元素，可作为人类的营养、绿色食品，深受消费者的青睐。

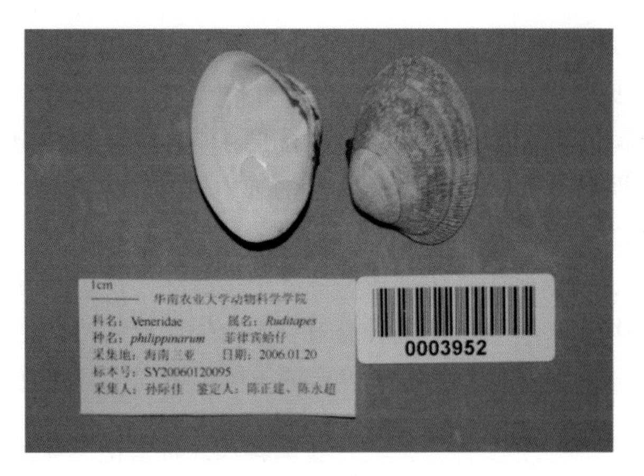

花甲（图片来源：自摄）

（编撰人：付京花；审核人：付京花）

39. 鲍鱼有什么营养价值?

鲍鱼是海产八珍之一，被称为海洋生物中的“软黄金”。软体部可食用，肉质柔软细滑。以干品分析，含蛋白质40%，肝糖33.7%，脂肪0.9%，同时还含丰富的维生素及其他微量元素。

中国营养学最高权威机构、中国疾病预防控制中心营养与食品安全所的马冠生教授认为，鲍鱼和鸡蛋所含的蛋白质相差不大，钙、铁、锌、硒、维生素等营养成分也没有独特的优势。而且在提供营养方面，鲍鱼和其他普通海产品相差也不大。中国海洋大学的麦康森院士也感觉到包括鲍鱼在内的中国饮食在营养学上的一些困惑。“对鲍鱼来说，为什么人们喜欢它，除了非科学因素以外，有没有科学的道理？鲍鱼里是否会含有某种西方营养学中找不到的东西呢？”虽然鲍鱼没有特别的营养已为很多中国学者，甚至一些美食家们所接受，但这并没能妨碍吃鲍鱼在中国仍然为饮食界的一个高档象征。

（编撰人：付京花；审核人：付京花）

40. 生蚝有什么营养价值?

生蚝，即牡蛎，属软体动物门双壳纲贝类的一种，又名蛎黄、海蛎子、青蚵、生蚝、蛎蛤等，生长在温、热带海洋中，以法国沿海所产最为闻名。生蚝肉质细嫩，鲜味突出，带有腥味，味道独特，深受大家喜爱。可以鲜食，制成罐头，也可加工制成蚝豉或蛎干、蚝油。

生蚝的营养丰富，肉味鲜美，软体部的干体含蛋白质45%～57%，糖类19%～38%，脂肪7%～11%，还含有大量的维生素A、维生素B_1、维生素B_2、维生素C和维生素D等，是一种营养价值较高的水产品。生蚝除可食用外，还含有一定的药用价值，从新鲜生蚝中提取的低分子多肽活性物质能有效地抑制人的肺癌和胃癌细胞的增殖，有一定的抗肿瘤效果。此外，牡蛎的贝壳粉还可作为畜禽饲料的添加剂；以牡蛎贝壳粉为原料生产的土壤调节剂，可使农作物增产。

（编撰人：付京花；审核人：付京花）

41. 扇贝有什么营养价值?

扇贝属于软体动物门双壳纲。常吃的扇贝品种主要有栉孔扇贝、海湾扇贝和虾夷扇贝。扇贝广泛分布于世界各个海域，以热带海域的种类最为丰富。扇贝的营养价值很高，味道也很鲜美，与海参、鲍鱼齐名，并列为海味中的三大珍品，是一种极受欢迎的贝类食物。

扇贝含有丰富的蛋白质、糖、维生素B_2和钙、磷、铁等多种营养成分。其闭壳肌的干制品——干贝，含蛋白质高达61.8%，为鸡肉、牛肉的3倍，比鲜对虾高2倍。扇贝加工废弃物的粗蛋白含量也可达67.83%，脂肪8.09%、水分6.01%、总糖3.87%、灰分4.2%。近年来对扇贝进行大量的研究发现扇贝中还含有大量的牛磺酸、甘氨酸、糖蛋白、维生素B_{12}、叶酸以及微量元素硒等多种生理活性物质，具有抗肿瘤、降血脂、抗衰老等多种生物功能。

（编撰人：付京花；审核人：付京花）

42. 鲍鱼的食性是什么?

从摄食方式来说，鲍鱼属于舐食性；从摄食对象来说，鲍鱼属于藻食性或植食性。鲍鱼口里面有强大的齿舌，它是一个几丁质的带子，上面生着很多列小齿，鲍鱼就利用这些小齿刮取和磨碎食物。一般说来草食性贝类小齿的数目多，肉食性种类的小齿数目少，但强而有力。鲍鱼是草食性种类，所以它的齿舌带上的小齿数目极多，用齿舌刮取舐食，因此被列为舐食性。成体的主要饵料为大型的褐藻和红藻等植物性饵料，因此它又属于藻食性，或植物食性。

鲍鱼在浮游幼虫阶段不摄食，主要依靠卵黄提供营养，也能通过表皮直接吸收海水中溶解的有机营养物质。下沉附着变态后，主要摄食底栖硅藻等。在壳长2mm以后（稚鲍），还可摄食一些海带或裙带菜粉末饵料。当壳长长到1cm以后（幼鲍），食性与成鲍一样。

（编撰人：付京花；审核人：付京花）

43. 牡蛎的食性是什么?

牡蛎的食性为滤食性。牡蛎属于软体动物中的双壳纲贝类，生活在潮间带中区，多分布于热带和温带，我国自渤海、黄海至南沙群岛均有分布。牡蛎为固着型贝类，一般固着于浅海物体或海边礁石上，以开壳闭壳进行摄食、呼吸。牡蛎属于滤食性，可以选择食物的大小，但对食物的种类没有选择。通过振动鳃上的纤毛在水中产生气流，水进入中鳃，水中的悬浮颗粒被黏液黏住，鳃上的纤毛和触须按大小将颗粒分类。然后把小颗粒送到嘴边，大的颗粒运到外套膜边缘扔出去。牡蛎的食物主要以缺乏或没有运动能力的生物为主，以硅藻、原生动物和单鞭毛藻占数量最多，尤其是硅藻，此外也摄食丝状藻和孢子、海绵骨针、有孔虫、各种水生动物卵子和多种小动物的肢体，但数量较少。

（编撰人：付京花；审核人：付京花）

44. 扇贝的食性是什么?

扇贝的食性以摄食方式分属于滤食性，以摄食对象分属于杂食性。主要摄食小的浮游植物和浮游动物、细菌以及有机碎屑等。其中浮游植物以硅藻为主，鞭毛藻及其他藻类为次。浮游动物中有桡足类、无脊椎动物的浮游幼虫等。

王如才等在1983—1985年对栉孔扇贝的食料进行分析，发现栉孔扇贝的浮游生物食料以硅藻为主，调查海区中共检查出硅藻79种，隶属于37属，扇贝胃含物中共检查出59种，隶属于28属。从栉孔扇贝食料分析中，可以看出以下几个方面的特点。

（1）摄食的季节性。由于浮游生物具有地区性、季节性的变化，因此扇贝摄食种类也有地区性和季节性的变化。

（2）易摄食个体小、无角和棘刺的饵料。

（3）海区中硅藻类优势种都不是易摄食的种类。

（4）不同海区栉孔扇贝对同种食料的选择指数是不同的。

（5）同一海区不同大小的扇贝对食料的选择无显著差异。

（6）同一海区同一季度月，但在不同日期取样时，对于同样大小的扇贝，其食料选择指数是不一样的。

（编撰人：付京花；审核人：付京花）

45. 鲍鱼生长环境的理化性质？

鲍鱼属于软体动物门中的腹足纲。一般生活在海底岩礁间，从低潮线以下至水深15m左右的浅海区，以水深2～6m内最多。栖息区海水清澈、潮流通畅、海藻繁茂。

我国养殖的鲍鱼主要为北方的皱纹盘鲍和南方的杂色鲍或九孔鲍。皱纹盘鲍耐寒性较强，抗高温能力弱。水温28℃，生活不正常，30℃以上则引起死亡，特别是4龄以上的皱纹盘鲍更不耐高温。15～20℃，皱纹盘鲍摄食旺盛，7℃摄食逐渐减少，0℃摄食基本停止。杂色鲍在10～28℃条件下，生活正常。皱纹盘鲍和杂色鲍在盐度28‰～35‰都能生活，25‰以下生活不正常，20‰时便不能生活。皱纹盘鲍的耗氧量依环境条件而不同，随着温度的上升，鲍耗氧量逐渐增加，但夜间的耗氧量大于白天的耗氧量。

（编撰人：付京花；审核人：付京花）

46. 牡蛎生长环境的理化性质？

牡蛎营固着生活，以左壳固着于外物上。一生只固着一次，一旦固着下来，终生不再移动，仅靠右壳的开闭进行呼吸和摄食。牡蛎因对温度和盐度的适应能力不同而有广狭之分。

适应能力强的褶牡蛎，从热带性气候的印度洋到日本和我国的亚寒带性气候的北部沿海都有分布，且多生活在盐度多变的潮间带。近江牡蛎也广泛分布于日本和我国的鸭绿江附近至海南沿海海域，但它仅栖息在河口附近盐度较低的海湾。太平洋牡蛎由日本引进已分布于南北沿海；大连湾牡蛎属狭温狭盐性，只分布于黄海、渤海一带。密鳞牡蛎是广温狭盐性种类。

不同种类的牡蛎对于环境条件，特别是盐度的要求差别很大。太平洋牡蛎可在盐度10‰～37‰，近江牡蛎可在盐度10‰～30‰的海区栖息。大连湾牡蛎和密鳞牡蛎对盐度的适应范围较窄，一般在25‰～34‰的高盐区栖息。褶牡蛎分布在环境多变的潮间带，对盐度适应范围较广。牡蛎对温度的适应范围较广。近江牡蛎、褶牡蛎和太平洋牡蛎为广温性种类，在-3～32℃均能存活，太平洋牡蛎生长适温是5～28℃。牡蛎对干旱的适应能力较强。

（编撰人：付京花；审核人：付京花）

47. 扇贝生长环境的理化性质?

扇贝属于软体动物门中双壳纲扇贝科，其种类全部系海产。

经济意义较大的栉孔扇贝仅分布于中国北部、朝鲜西部沿海和日本。栉孔扇贝属于附着型贝类，喜欢用足丝附着于附着基上，右壳在下，左壳在上。栉孔扇贝对低温的抵抗力较强。水温在15～25℃，生长良好，在水温-1.5℃，水表面结成一层薄冰时亦能生存，但在4℃以下，贝壳几乎不能生长。较高的温度如25℃以上，生长会受到影响。-2℃以下的低温或35℃以上的高温能导致死亡。海湾扇贝对温度的适应范围广，可忍耐范围为-1～31℃。海湾扇贝对盐度的适应范围较广，适盐范围为16‰～43‰，适宜范围为21‰～35‰，最适盐度为25‰。其余种类都是高温、狭盐种类。栉孔扇贝对一般海水都能适应，对碱性环境适应能力似乎比较大。

（编撰人：付京花；审核人：付京花）

48. 鲍鱼的生活习性?

鲍鱼属于软体动物门中的腹足纲动物。依靠肥大的腹足进行匍匐生活，但其移动速度极慢，1min爬行50～80cm。鲍鱼的运动速度比较慢，在饵料丰富的良好生活条件下，一年的运动距离不超过200m，是底播放流增殖的良好种类。腹足的附着力很强，壳长15cm的鲍，一旦充分附着岩石后，需用200kg左右的力方可拔掉，所以可以生活在风浪较大的岩礁间。

鲍鱼喜栖息于海藻丰富、水质清晰、水流通畅的岩礁裂缝、石棚穴洞等地方。鲍鱼是昼伏夜出的动物，在一昼夜当中，主要以夜间活动为主。鲍的摄食量、消化率、运动距离和速度、呼吸强度以夜间为大，白天只在涨落潮时稍做移动。鲍的活动习性直接受日周期、光线、饵料种类和数量、水温、盐度、溶解氧、酸碱度等因素的影响。

（编撰人：付京花；审核人：付京花）

49. 牡蛎的生活习性？

（1）牡蛎营固着生活，以左壳固着在其他物体上生活。在自然海区中固着基数量有限，因此彼此固着，形成群聚现象（牡蛎的外壳一般是非常无规则的）。

（2）牡蛎中的褶牡蛎对温度和盐度的适应能力较强，从热带性气候的印度洋到日本和我国的亚寒带性气候的北部沿海都有分布，且多生活在盐度多变的潮间带。太平洋牡蛎在我国南北均可很好地生长繁殖。近江牡蛎分布于日本和我国北起黄海的鸭绿江附近，南至海南沿海，但它仅栖息在河口附近盐度较低的内湾。大连湾牡蛎属于狭温狭盐类，密鳞牡蛎是广温狭盐类。

（3）牡蛎是滤食性，对食物的大小有选择，但对食物种类无选择。

（4）生长快，牡蛎生长的特点是当年主要是壳的生长，第二年开始主要是软体部的生长。

（编撰人：付京花；审核人：付京花）

50. 扇贝的生活习性？

（1）扇贝生活于低潮线以下水深5～45m的硬质海底，营足丝附着生活。若遇环境不适宜便自动切断足丝，急剧地伸缩闭壳肌做短距离移动，遇到适宜的环境再次分泌足丝附着。扇贝的移动，除本身的行动外，还受海流的携带，有时每日平均移动170m的距离，最远的可达500m。扇贝中的栉孔扇贝也有用足丝互相附着的习性，这在一定程度上减少了扇贝的移动。

（2）滤食性，主要食料为硅藻。栉孔扇贝的摄食在凌晨1:00—3:00时最旺盛，11:00—13:00时最低。

（3）以1～2年个体生长最为迅速（在自然海区，当年个体壳高可长至2cm左右，第二年长至5cm左右，第三年长至6～7cm，第四年长至7cm左右，第五年长至7～8cm）。

（4）栉孔扇贝的寿命可达10龄以上，最大个体壳高可达10cm以上。

（编撰人：付京花；审核人：付京花）

51. 黄鳝养殖有哪些常见的捕捉方法？

（1）饵料诱捕法。黄鳝喜欢夜间觅食。因此一般多在晚间采用饵料诱捕黄鳝，捕捉的方式为：将罩网或3～6m^{2}聚乙烯细网眼的网片平置于投饵台处的池底水中，然后，在网片中间撒入饵料并在上面铺盖一层草垫或破网片，待20～30min等黄鳝自行入网后，再把网的四角同时升起将覆盖物取出，最后用捞海把黄鳝捕入鳝篓里。另外可用把饲料放在草包里的方法捕捉幼鳝，将草包放在喂食的地方，过段时间把幼鳝钻入的草包取出即可捕捉到幼鳝。也在每平方米水面放3～4个已干枯的老丝瓜，过段时间后幼鳝会像钻进草包一样钻进老丝瓜内，将丝瓜取出后幼鳝将藏在其中。

（2）捕法。在捕捉人工饲养黄鳝时，可采用网眼密网片柔软的夏花鱼种网来捕取，这样将不易损伤鱼体达到最好的捕捉效果。捕捞时，将水生植物和鳝鱼一起捕捞提出，起鱼后将水生植物剔除黄鳝便留在网中。如全部起捕，可用全网捕1～2次后往往可将黄鳝捕尽，而后把水放干捕捉剩余的黄鳝。

（3）钩捕法。夏季的黄鳝经常躲藏在洞内同时头部则时时伸出洞外观察。此时，可取一钓竿将牛虻活饵装在钓钩上，把钩放在洞口的水面上，牛虻在水面上不停地打转引诱。此刻，要耐心等待，黄鳝将会突然吞饵又缩回洞内。这时，可将钓钩和黄鳝一起取出洞口，取下黄鳝并放入鳝篓。同时，还可采用蜓蚓穿钩法，将蚯蚓穿在鳝钩上，放入洞内引诱黄鳝吃钩，待黄鳝上钩后，立即把黄鳝取出水面，随手放入鱼篓内。采取钩捕法的捕捞率可达到50%～70%。

黄鳝养殖

★百度图库，网址链接：https://image.baidu.com/search/detail

（编撰人：漆海霞；审核人：闫国琦）

52. 如何判断贝类是否新鲜?

鉴别贝类是否新鲜，要根据各种贝类的不同特点。以下为几种常见贝类是否新鲜的判断方法。

（1）蚶。从海滩泥土或沙滩中捕捞的，外壳涂满湿污泥或沾满湿沙。新鲜的蚶双壳往往自动开放，用手拨动它则双壳立即闭合。

（2）花蛤。新鲜的花蛤浸在淡盐水中在不受干扰的情况下双壳开启，水管伸出，“吐”泥沙，受到干扰会收回水管，关闭双壳；在淡盐水双壳闭合的不是新鲜花蛤。

（3）蚝（牡蛎）。新鲜的蚝色泽青白，光泽明亮，气味正常。不新鲜的蚝呈乳白色或乳红色，没有光泽，质浮软，有异味。

（4）缢蛏。缢蛏捕捞之后，需用淡盐水浸半天，让其吐出泥沙。鲜活蛏张开壳后不断射水吐沙，拨动它则闭壳。若两壳张开，半露肌体，拨动或用手指捏住，毫无反应，说明蛏已死去。

（5）螺类。螺类以活为鲜，活螺的螺头会伸出壳外，厣随着螺头而动。厣若在水中不动，且螺尾有白色液汁流出，说明螺已死。

（编撰人：付京花；审核人：付京花）

53. 贝壳内侧的痕迹是什么?

贝壳，尤其是双壳贝类的贝壳经常会在贝壳内侧看到一些清楚的痕迹。这些痕迹通常是贝壳的外套肌痕（环走肌、水管肌和闭壳肌）和足的伸缩肌痕。壳内面所印的各种肌痕随动物种类的不同而异。

外套膜环走肌的痕迹称为“外套痕”，随种类不同，有的紧靠贝壳边缘，有的远离贝壳边缘；水管肌的痕迹称为“外套窦”，水管发达的种类外套窦很深，水管不发达的种类外套窦很浅；闭壳肌的痕迹称为“闭壳肌痕”，它的形态、大小和数量与闭壳肌的性质有关。在两个闭壳肌痕的种类中，又有前、后两肌痕相等和不相等之分；前伸、缩足肌痕多在前闭壳肌痕附近；后缩足肌痕多在后闭壳肌痕的背侧。从贝壳内面的这些痕迹上，能大致了解生活个体的外套膜、水管、闭壳肌和足的情况。

（编撰人：付京花；审核人：付京花）

54. 具有2个壳的贝类如何区分左壳和右壳?

要区分双壳类贝类的左壳和右壳，首先要辨别贝类的方位，先确定前后方位，而后再辨别左右和背腹。辨别前后方位时可观察：①壳顶尖端所向的通常为前方。②由壳顶至贝壳两侧距离短的一端通常为前端。③有外韧带的一端为后端。④有外套窦的一端为后端。⑤具有1个闭壳肌的种类，闭壳肌痕所在的一侧为后端。

贝壳的前、后方向决定后，以手执贝壳，使壳顶向上，壳前端向前，壳后端向观察者，则左边的贝壳为左壳，右边的贝壳为右壳，壳顶所在面为背方，相对面为腹方。贝壳的测量标准：由壳顶至腹缘的距离为壳高。由前端至后端的距离为壳长。左右两壳间最大的距离为壳宽。

有些双壳类如贻贝等，贝壳较尖的一端为壳顶，它的口接近这个部位，故又把壳顶称为前端，相对的一端称为后端。

（编撰人：付京花；审核人：付京花）

55. 扇贝的哪些部位不能吃?

扇贝的内脏不能吃，扇贝属于滤食性，本身是安全的水产品，靠滤食海水中的藻类和微生物生长，若其生长环境受到污染或有毒藻类暴发，其内脏就会摄入这些物质，所以其内脏不能吃。海产贝类含有的毒素或重金属一般与“赤潮”和“海水受污染”有关。

扇贝可以食用的部位主要是关闭贝壳的壳内柱（闭壳肌）和生殖腺。闭壳肌为白色，味道鲜美可口，是养殖扇贝的主要产品。闭壳肌从鲜贝上取下后，用海水洗一下，然后放入煮沸的海水中。闭壳肌放入海水中不要搅动，待水又开后，取出来，摘除足部肌肉、杂质，再放到海水中冲洗一下，捞出放在筐棚上控干、晒干。

生殖腺部位的肉稍微呈片状，每当春末生殖腺成熟的时候，雌性扇贝的生殖腺变为漂亮的红色，而雄性扇贝的生殖腺则变成乳白色。生殖腺和外套膜经发酵后可以加工成美味的海鲜调味料。

（编撰人：付京花；审核人：付京花）

56. 哪些贝类具有毒性?

在贝类中现知80多种对人类会引起食物中毒或接触中毒，许多贝类食后中毒，是因为它们吃了含有有毒性的双鞭藻等食物所引起的。扇贝、牡蛎、贻贝、蛤仔等和一些螺类，如东风螺、泥螺、香螺、织纹螺等常会引起中毒，其携毒原因是有些有毒的藻类在适宜温度下迅速繁殖，大量集结，形成赤潮，贝类摄取这些藻类后，将毒素存于体内，被人食入后即可发生中毒。

节香螺的唾液和唾液腺中，含有四胺铬物等毒素。骨螺的鳃下腺中有骨螺紫毒素。荔枝螺和波纹蛾螺中有千里酰胆碱和丙烯酰胆碱。盘鲍的内脏中含有感光色素，人食后在皮肤上常出现发烧、针刺、发痒、水肿以及皮肤溃疡等症状。芋螺的口腔内部有毒腺和箭头状的齿舌，被它刺伤后，受伤部分就要溃烂，如我国南海产的织锦芋螺等均有毒，采集时应特别注意。

（编撰人：付京花；审核人：付京花）

57. 生吃贝类有什么危害?

贝类由于其味道鲜美，营养丰富，深受大家的喜爱，有些人尤其喜欢生吃。但生吃贝类有如下危害。

（1）不管是海产还是淡水产或陆生的贝类经常含有大量的寄生虫，这些寄生虫在贝类体内大量的生长繁殖，有很多寄生虫需要在高温的条件下才会被杀死，如果生吃贝类很容易被感染。

（2）贝类可能含有各种病毒及细菌，很多人生吃后可能会形成肠炎，以及其他的一些肠道疾病。

（3）某些贝类中含有神经贝类毒素，这种毒素会导致人体出现头痛、腹泻以及肌肉刺痛的症状，严重的患者会出现听觉下降，甚至还会出现语言困难的症状。还有一些贝类中含有腹泻性毒素，人吃了之后可能形成肠胃疾病，严重腹泻。

所以生吃贝类时一定要选择生长环境无污染，新鲜的贝类。一些肠胃不好的人不建议生吃海鲜，有过敏病史的人也不可以吃海鲜。

（编撰人：付京花；审核人：付京花）

58. 贝类在水中如何运动?

大部分贝类在水中依靠足来运动。贝类的足，大部分都是肌肉，非常灵活。在足的肌肉和结缔组织之间，存在有足够的间隙和空腔，所以许多软体动物的足都能容纳大量的液体，肿胀起来。对于腹足类来说，这种肿胀的足是它们移动的前提条件。当它们想把足缩回到壳内的时候，就会把液体分泌出来，使足部消肿。大多数腹足类长有扁平的腹足，这样便于它们滑行前进。但是某些海螺，它们的足已经演变成了像鳍一样的叶瓣，这样便于在海中游动。双壳类的足，通常呈斧状，许多双壳类都用足来挖洞，或者是在陆地上行走。头足类的足，已经完全变异：足的一部分演变成了漏斗，漏斗起推动作用。大多数头足类就是利用漏斗把水挤压出来，借助反作用力游动。行动迟缓也是大多数软体动物的一个典型特征。

（编撰人：付京花；审核人：付京花）

59. 贝类的天敌是什么?

贝类的生物敌害很多。鱼类、螺类、章鱼、蟹类和海星等均是经济贝类的天敌，特别是贝类的卵子和幼虫为许多水生动物的饵料。许多肉食性鱼类，如河豚、海鲫、黑鲷、鳐、魟、真鲨、梭鱼、斑头蛇鳗、须鳗和海鳗等，是贝类敌害。肉食性螺类对养殖贝类危害较大，如红螺、紫口玉螺、扁玉螅、福氏玉螺、斑玉螺、荔枝螺（辣螺）。凸壳肌蛤是一种壳薄而脆，用足丝成群地附着在海滩上生活的双壳类，常在5—6月大批出现在贝类养殖区，覆盖滩面，侵占幼贝附着的地盘或影响贝类的摄食和呼吸，甚至将贝类缠死，是埋栖贝类一大敌害。船蛆可以穿凿养殖器材，如北方贻贝养殖中有的采用松木棒养殖，结果由于船蛆穿凿，前功尽弃，损失极大。

（编撰人：付京花；审核人：付京花）

60. 入侵我国的贝类物种有哪些?

入侵我国的贝类物种主要有非洲大蜗牛和福寿螺。

非洲大蜗牛是中大型的陆栖蜗牛。成体壳长一般为7～8cm，最大可超过20cm。多在夜间活动，杂食性，喜欢潮湿的环境。原产非洲东部沿岸坦桑尼亚的桑给巴尔、奔巴岛，马达加斯加岛一带。20世纪20年代末至30年代初，在福建厦门发现，可能是由一新加坡华人所带的植物而引入。后被作为美味食物，引入多个南方省份。在我国分布于广东、海南、广西、云南、福建、香港和台湾等地。属于全球性入侵物种。食物包括农作物、林木、果树、蔬菜、花卉等植物，甚至能啃食和消化水泥，可危害500多种作物。

福寿螺个体较大，最大个体可达250g以上。有巨型田螺之称。外壳颜色比一般田螺浅，呈黄褐色，卵于夜间产在水面以上的干燥物或植株的表面，产卵量多，可达1 000粒以上。原产亚马逊河流域，作为高蛋白食物最先被引入我国台湾，1981年引入广东，1984年前后作为特种经济动物广为养殖，后又被引入其他省份养殖。由于其口味差被大量遗弃或逃逸，并很快从农田扩散到天然湿地。分布于广东、广西、云南、福建、浙江，对水稻生产造成损失。威胁入侵地的水生贝类、水生植物和破坏食物链构成，是卷棘口吸虫、广州管圆线虫的中间宿主。

（编撰人：付京花；审核人：付京花）

61. 贝类对人类有哪些害处?

陆地上的蜗牛、蛞蝓是果园、菜地及农林的害虫。海洋中食肉性的贝类，如玉螺、荔枝螺、红螺等能捕杀贻贝及牡蛎，特别喜食它们的幼苗而给贝类养殖造成严重的损失，又如一些草食性的种类能食海带、紫菜等的幼苗，对藻类养殖造成危害。在淡水和陆生的软体动物中，椎实螺是肝片吸虫的中间宿主，豆螺是华支睾吸虫的中间宿主，扁蜷螺是姜片虫的中间宿主，短沟蜷是肺吸虫的中间宿主，钉螺是日本血吸虫的中间宿主，对人类的危害极大。海洋中的船蛆、海笋等贝类是穿凿木材或岩石穴居的种类，对于海洋中的木船、木桩以及海港的防护和木、石建筑物危害很大。营附着或固着生活的种类常大量附着在船底，影响船只的航行速度。有些附着生活的种类，可以堵塞水管，影响生产。

（编撰人：付京花；审核人：付京花）

62. 贝类都是雌雄异体吗?

贝类的性别很复杂，有雌雄同体、雌雄异体，也有性变（性反转）现象。

一般地说，多数贝类是雌雄异体（如缢蛏、蛤仔、珍珠贝、鲍等），但是在腹足类前鳃亚纲个别种类和后鳃亚纲、肺螺亚纲以及瓣鳃纲中某些种属中均有雌雄同体。在瓣鳃纲雌雄异体的种类，雌体与雄体的外形没有显著区别，但在腹足类和头足类中，雌雄异形，雄性往往具有交配器官，雌体较大。

也有一些种类，如牡蛎、贻贝等的性别很不稳定，有雌雄同体现象，也有雌雄异体现象。同时，同一个体还经常发生性变，在某一时期能从雌性变雄性，而在另一时期又从雄性变雌性。通常幼小个体雄性所占百分比较大，年龄较老的个体中，雌性占的百分比大。每年生殖细胞也大都是雄性先熟。

（编撰人：付京花；审核人：付京花）

63. 贝类是如何繁殖的?

贝类主要以卵生的方式繁殖，少数贝类属于卵胎生，个别贝类有类似卵胎生的现象（幼生）。

（1）卵生型。极大多数瓣鳃纲贝类及少数原始腹足纲贝类，在繁殖季节雌雄个体将精卵排放到海水中，精子和卵子在海水中结合，经过一段时间的浮游生活后，便发育变态为稚贝，稚贝进一步生长为成贝。

（2）卵胎生型。绝大多数腹足纲，往往有交尾活动，母体排出卵块、卵袋，其中有几个、几十个受精卵，受精卵在卵袋、卵块中孵化发育变态形成个体后才离开。这种繁殖类型虽然受精卵在母体内发育，但其营养仍然依靠卵细胞自身所含的卵黄，与母体没有或只有很少营养联系，直至发育成幼体才离开母体。

（3）幼生型。某些瓣鳃类卵细胞在母体的鳃腔内受精孵化形成一个个面盘幼虫，然后在海水中继续发育形成一个个体。如：蚌、密鳞牡蛎。

（编撰人：付京花；审核人：付京花）

64. 如何区分贝类的性别?

贝类大多数为雌雄异体，无第二性特征，但在繁殖期间性腺颜色不同，可根据性腺颜色来区分雌雄。雄的颜色浅，雌的颜色深；少数雌雄同体，生殖腺颜色不同。双壳类生殖腺常出现红色、粉红色、黄色和白色等。但红色永远代表雌性，白色通常是雌雄同体或代表雄性，但亦有种类雌性生殖腺呈现白色。在繁殖季节里生殖腺发达，可以看到生殖腺充满到瓣鳃类内脏团周围（如牡蛎）和外套膜上（如贻贝等）。

腹足类雌雄异体的种类可以从交接凸起（阴茎）和交接囊（受精囊）的有无、个体大小、壳口和厣的形状、齿舌的不同、生殖腺的色泽来进行区分。头足类是雌雄异体，两性异形。它具有一个卵巢或精巢，位于身体正中后端。雌性生殖系统还具有输卵管腺和缠卵腺，它们能产生卵外被的一种弹性物质，这种弹性物质遇水时很快就“硬化”，把卵黏附成卵群。

（编撰人：付京花；审核人：付京花）

65. 什么是贝类的“性转换”现象？

性转化又称性转变，是指个体在不同的生长阶段出现不同的性别。

贝类生物大多数为雌雄异体，个别种类为雌雄同体，如海兔、海湾扇贝。但在雌雄异体的贝类生物中，某些种类的性别不稳定，能从一种性别转变为另一种性别，出现“性转换”现象，如马氏珠母贝、贻贝、牡蛎、江珧、扇贝等。转换过程中会出现雌雄同体的过渡时期。目前研究表明，发生性转换现象的原因与季节、温度、盐度、营养等因素有关。

贝类性转化方向可以由雌性变为雄性，也可以由雄性变为雌性。性转化方向与比例在不同的种类中有差异。如在马氏珠母贝中，发生性转换的比例为4%～10%，且雄性转换为雌性的比例较高。

马氏珠母贝性转换与雌雄同体（图片来源：自摄）

（编撰人：王梅芳；审核人：王梅芳）

66. 贝类的血液是什么颜色的?

贝类血细胞的运动，类似变形虫运动。在运动时首先伸出伪足，以此为先导，然后依靠内部细胞质的流动而向前推进。贝类的血液一般为无色，内含变形虫状的血球。

瓣鳃类的血液重量约占体重的一半。海产贝类血液的成分和理化性质与周围环境中海水的成分类似，而且在一定程度上能被周围环境海水成分所左右，血液一般为无色；但如蚶科和竹蛏科的某些种类有含铁的血红蛋白，称为血红素，使血液变成红色；亦有如帘蛤科、鸟蛤科等的某些种类有含铜蛋白质的化合物，称为血青素，使血液变成青色。

腹足类的血液通常无色，血浆中亦含有变形虫状的血球。少数种类在血浆中含有血红素，使血液变成红色，也有一些种类在血浆中含有血青素，而稍呈青色。

头足类的血液通常无色或呈青色。

（编撰人：付京花；审核人：付京花）

67. 贝类是如何进行呼吸的?

贝类的呼吸用鳃、外套膜或由外套腔壁形成的“肺”来进行。

水生贝类用鳃呼吸。鳃是外套腔内的皮肤扩张形成的，又称为“本鳃”。本鳃的构造因种类的不同而有变化：在原始种类中，鳃左右成对排列，而且在鳃轴两侧并生有鳃叶，形似羽毛，人们称这样的鳃为楯鳃；有的种类鳃叶仅着生在鳃轴的一侧，称这样的鳃为栉鳃。鳃的数目随种类也有变化：例如，双壳贝类通常有1对；头足类有1～2对；石鳖类的鳃可以有6～88对；大多数腹足类只有1个鳃，一般情况，鳃位于身体的后方，而前鳃类由于身体的扭转而导致鳃转移到身体的前方。

有些贝类本鳃消失，在皮肤表面形成二次性鳃，以营呼吸。陆生的蜗牛没有本鳃，它们的外套腔十分特殊，其内表面具有发达的血管网，形成假“肺”，能够进行气体交换，从而完成呼吸作用。

（编撰人：付京花；审核人：付京花）

68. 藻食性和肉食性的腹足类有什么区别?

藻食性腹足类与肉食性腹足类的不同之处主要体现在消化系统上。腹足类的消化管原来是直的，口在前，肛门在后。但在发生过程中，经过旋转和卷曲后，消化管的后端由后方转向右方，再转向背方，这样口和肛门就不在一条直线上了。

以鲍为代表的藻食性腹足类，视觉器官不发达，觅食主要靠嗅觉；颚片、齿舌较发达，齿片数目较多；没有能收缩的吻；唾液腺不发达，消化酶主要是碳水化合物分解酶；有发达的嗉囊（或有的是食道膨大部分）贮藏食物，消化道长。

以玉螺、骨螺为代表的肉食性腹足类，它们的感觉器官比较发达，能迅速地发现食物；齿舌的齿片数较少，但强而有力，颚片退化或消失；吻或口球发达，吻的腹面具穿孔腺，能溶解瓣鳃纲的贝壳，然后用齿舌锉食其肉，唾液腺发达，能分泌蛋白分解酶，消化道短。

（编撰人：付京花；审核人：付京花）

69. 贝类按照生活方式分为哪几种类型?

贝类按照生活方式分为埋栖型、固着型、附着型、匍匐型、游泳型、浮游型、凿穴型、寄生与共生型。

典型营埋栖生活的贝类出现在瓣鳃纲，而且营此种生活方式的动物占瓣鳃纲的大多数，如缢蛏、蛤仔。固着型的贝类是用贝壳固定在其他物体上，固定以后终生不能移动，仅依靠开壳或闭壳进行呼吸与摄食。附着型也主要出现在瓣鳃纲中，它是利用足丝附着在其他物体上，例如贻贝、扇贝和珍珠贝等均属此类。匍匐型主要出现在大多数腹足类，如鲍、螺类等。头足类能抵抗波浪和海流的冲击，能自由游泳生活，具有这种生活型的首推头足类的某些种类，如乌贼。浮游型贝类贝壳不发达，足演化为鳍或翼，或者足部能分泌黏液形成浮囊来适应浮游生活，如海蜗牛等。凿穴型贝类专门穿凿岩石、珊瑚或其他动物的贝壳而穴居，或专门穿凿木材而穴居，例如海笋和船蛆就是属于这种生活型。内寄生的腹足类主要有内寄螺，外寄生的有圆朴螺，它们的寄主主要是棘皮动物。

（编撰人：付京花；审核人：付京花）

70. 贝类具有味觉和视觉吗?

由于腹足类能选择食物，可以看出它有味觉。味觉器官是由感觉细胞构成的味蕾。在原始腹足目中，大多位于口腔的腹面和两侧，在它们的上足触角上也有一些类似味蕾的小体分布。在异足类中，则在口腔的周缘。

腹足类的眼通常生在头部，故又称“头眼”，数目为1对，对称地位于触角的基部或顶端。多板纲、双壳纲和掘足纲的成体都没有头眼，但它们的贝壳或外套膜上常生有微眼或外套眼。头足类动物的眼与脊椎动物的眼在结构上十分相似，因此，它们的眼也称为无脊椎动物中最高的视觉器官。头足类的眼通常无柄，位于头的两侧。鹦鹉贝的眼构造简单，基部由一短柄相连。二鳃类的眼构造相当复杂，它由头软骨作为支持，有时位于由头软骨翼状凸起形成的一个多少不完全的眼窝内，如乌贼。眼的最外面有1层透明的表层，称为“假角膜”。

（编撰人：付京花；审核人：付京花）

71. 贝类有眼睛吗?

大多数贝类有眼睛。

腹足类的眼通常生在头部，故又称“头眼”。头部通常有眼1对，有两对触角的种类，眼常位于后触角的顶端。有一对触角的种类，眼的位置可以在顶端、中部或基部。

头足类头部两侧各有1个发达的眼睛，眼睛的构造十分复杂，外方被有透明的角膜，具有保护眼睛的作用。角膜一般是封闭的；但有些种类，其角膜上具有小孔与外界相通，如大王乌贼总科的种类。头足类的眼与脊椎动物的眼在结构上十分相似，因此，它们的眼也成为无脊椎动物中最高级的视觉器官。

多板纲、双壳纲和掘足纲的成体都没有头眼，但它们的贝壳或外套膜上生有微眼或外套眼。如双壳纲的外套膜分为3层，外层为“生壳凸起”，中层称“感觉凸起”，该层对外界感觉灵敏，专司感觉作用，在牡蛎中具有触手和感觉细胞，在扇贝和鸟蛤中有外套眼，内层称“缘膜凸起”。

（编撰人：付京花；审核人：付京花）

72. 贝类可以听见声音吗?

贝类可以听见声音。腹足类的听觉器，是皮肤陷入的一个小囊，囊壁内面由纤毛上皮构成，在上皮中有感觉细胞。小囊内含有由囊壁分泌的液体，液体中沉有结晶的耳石。在中腹足目、新腹足目和少数后鳃亚纲的种类，成体时只有1个大而圆的耳石。在原始腹足目和中腹足目中比较原始的种类，如蟹守螺科以及一般的后鳃类和肺螺类，则有许多长圆形的耳沙。在某些种类如锥螺、石磺等，同时具有几个耳沙和1个耳石，但在它们的幼体中，仅有1个耳石。瓣鳃类中的大多数蚶科和异柱目，平衡器中有许多小的耳沙，而在真瓣鳃目中只有1个大的耳石，但在钻岩蛤等的每一个平衡器中，既有耳石也有耳沙。有些瓣鳃类如不等蛤，能依靠水的传播作用来感受声音。头足类鹦鹉贝的每个平衡器内含有许多耳沙；在二鳃类仅有1个大的、通常是扁而具有脊的耳石。

（编撰人：付京花；审核人：付京花）

73. 贝类具有大脑吗?

贝类的一生都生活在水中，它们属于一种较为低级的软体动物，但它们跟别的动物一样有大脑。它们的大脑大都长在很奇特的部位，比如，田螺的大脑长在触角下面。贝类主要的神经节有脑神经节、足神经节、侧神经节、脏神经节。由脑神经节派出的神经分布到头部。一般每一对神经节都有横的神经节相连，各神经节之间复有纵连索互相联络。连络脑神经节与足神经节者，称为“脑足神经连索”；连络脑神经节与侧神经节者，称为“脑侧神经连索”；连络侧神经及与足神经节者，称为“侧足神经连索”；连络侧神经节与脏神经节者，称为“侧脏神经连索”。这些神经节的排列状态，连索的长短，均随动物的种类而不同。头足类这几对神经节，常集中在头部，形成发达的脑，是无脊椎动物最高级的神经系统。

（编撰人：付京花；审核人：付京花）

74. 贝类具有牙齿吗?

贝类有牙齿，但它们的牙齿跟我们印象中的牙齿不太一样。有些贝类的口腔的后面有一个像口袋的构造，称为齿舌囊，从齿舌囊伸出一条可以前后活动的膜质带，上面分布着整齐排列的几丁质细齿。膜质带和这些小齿共同构成贝类的齿舌，齿舌是贝类特有的器官。一定数量的小齿构成一个单元，每一个单元中的小齿按照位置可以分为中央齿、侧齿和缘齿，许许多多的单元成列的排列在基膜上。中央齿一般为1枚，侧齿和缘齿的形状和数量不同种类变化较大。某些前鳃类两侧的齿明显分为两组：接近中央齿的一组称为“侧齿”，较远的一组称为“缘齿”。表示小齿排列的式子称为“齿式”，如斑玉螺的齿舌一横列有7枚齿片，即1枚中央齿，1对侧齿和2对缘齿，其齿式为2・1・1・1・2；皱纹盘鲍的齿舌平均有108横列，每一横列有中央齿一枚，侧齿5枚，缘齿极多，就可以用∞・5・1・5・∞/108或∞・5・1・5・∞×108的符号表示。

英国朴次茅斯大学等机构发表在《英国皇家学会界面杂志》上的论文说，帽贝的牙齿可能是生物界中已知强度最大的天然物质，其成分甚至可用来做防弹衣。如果能在实验室复制帽贝的牙齿，这将是一种超强且轻的物质，可用于制造防弹衣、新型汽车和飞机等。

（编撰人：付京花；审核人：付京花）

75 贝类依靠什么器官消化食物?

贝类的消化系统分为消化管和消化腺两个部分。

贝类的消化管起始于口，经过食道、胃和肠，终结于肛门。一般来说，大部分左右对称的贝类口位于身体的前端，肛门位于后端；但有些腹足类在生长发育的过程中，身体发生了扭转，从而导致肛门也移到了身体的前方。口的后端膨大，形成口腔（又称“口球”）。口腔的后面有一个像口袋的构造，称为齿舌囊，从齿舌囊伸出一条可以前后活动的膜质带，上面分布着整齐排列的几丁质细齿。膜质带和这些小齿共同构成贝类的齿舌。食道位于口腔的后方，食道的后方是胃，胃膨胀成囊状。在双壳类和某些腹足类中，胃壁形成几丁质的胃楯或石灰质的咀嚼板。还有的种类在胃的旁边具有消化盲囊，它起到增大消化面积，加速营养吸收的作用。

肝脏是贝类最主要的消化腺，通常和胰脏结合形成肝胰脏，可以分泌消化酶，还可以进行细胞内消化。许多贝类在口腔的背侧还有一对唾液腺，也能够分泌消化酶。

（编撰人：付京花；审核人：付京花）

76. 贝类依靠什么器官排泄代谢废物?

肾脏是贝类最重要的排泄器官，位于围心腔的两侧。肾由具纤毛的肾管形成。肾脏一端开口于围心腔，其开口称为内肾口；另一端开口于外套腔，与外界相通，开口称为外肾孔或排泄孔。代谢产物能够暂时汇集在围心腔中，然后随围心腔液由内肾口而进入肾脏中。肾脏具有一定的重吸收能力，它可以把有用的盐类回收，将无用的废物变成尿，经外肾孔排出体外。肾脏的数目因种类而异，除某些腹足类外，贝类的肾脏一般都是成对的，有6对、2对或1对。

在腹足类、双壳类和头足类动物中，它们的围心腔上一般具有一个围心腔腺，也具有排泄作用。此外，腹足类后鳃亚纲动物中肝脏的一部分细胞也形成一种重要的排泄器官。

贝类幼虫的排泄器官与成体不同，典型的担轮幼虫具有一对原肾。

（编撰人：付京花；审核人：付京花）

77. 贝类的寿命有多长？

贝类的寿命长短与种类有关，还受遗传因素、生理因素、环境因素等的影响。如海湾扇贝的寿命为1周年，完成繁殖活动后，其大多数个体即死亡。由于遗传或生理因素死亡的贝类，为正常死亡。一般说来，早熟种类比晚熟种类寿命短；雄性个体常比雌性个体寿命短，在寒带生长缓慢的个体其寿命常较热带生长迅速的个体寿命为长。瓣鳃纲的寿命一般较其他贝类寿命为长。寿命较长的如贻贝和海螂能活10年左右。马氏珍珠贝能活12年。珍珠蚌能活到80年之久。砗磲有人估计能活一个世纪。腹足类的平均寿命比瓣鳃类的短。一般前鳃类的寿命为数年，如大马蹄螺4～5年，淡水生活的田螺4年，帽贝有的16年，滨螺20年。后鳃类的寿命比前鳃类的短。头足类的寿命较短，近岸的小型乌贼类，寿命仅为1年。有些章鱼和乌贼在水族箱中能饲养2～3年，大型头足类的寿命较长。

（编撰人：付京花；审核人：付京花）

78. 章鱼为什么会变色？

章鱼的体表常出现紫色、褐色、黄色、黑色等不同色彩，而且不同的种类色彩一般不同；相同的种类也常因环境的改变或求偶交配或受到刺激与干扰等原因而使身体随时改变颜色。这主要是由于它们的表皮中含有许多色素细胞的缘故。色素细胞中含有色素颗粒，色素细胞的周围有微小的肌纤维向四周辐射并附着在其他细胞上。当肌纤维收缩时，色素细胞向四周扩展，细胞变成扁平状，色素颗粒展露出来，身体就表现为各种颜色；当肌肉松弛时，细胞变小，色素颗粒在细胞内集中并隐蔽，体色变浅。还有的种类身体中同时存在着几种色素细胞，或成群或成层地分布在体壁内。有时由于光线的强度不同，使不同的色素细胞扩展而引起体色的改变。颜色的改变是受神经及激素控制的，视觉反应又是其最主要的刺激方式。

（编撰人：付京花；审核人：付京花）

79. 乌贼喷出的“墨汁”是什么？

乌贼的体内直肠末端长有一个墨囊，囊的上半部是贮备墨汁的墨囊腔；下半部是墨腺，它的细胞里充满了黑色颗粒，衰老的细胞逐渐破裂，形成墨汁，进入墨囊腔以后，暂时储存起来。这些墨汁是由细小黑色颗粒构成的黏稠状的混悬液，成分可能是连接在黑色素上的蛋白多糖复合物，含有多种活性成分，具有较高药用价值。

当乌贼遇上强敌的时候，它会喷出一股股墨汁。墨汁在水中分散成烟雾形状，就像施放的“烟幕弹”，使敌害受惊迷惑。这种墨汁里含有麻醉剂，可以麻醉敌害的嗅觉，还能麻醉小鱼小虾，乌贼便乘机捕食。这些墨汁对人类基本无毒。

乌贼一般能连续施放5～6次烟幕弹，持续十几分钟，在5min内可以将5 000L水染黑。大王乌贼喷出的墨汁，能够把成百米范围内的海水染黑。

（编撰人：付京花；审核人：付京花）

80. 螺类身体缩入壳中时，如何封口？

贝壳是一种保护器官，当动物活动时，头和足伸出壳外，一遇到危险便缩入壳内。厣是腹足纲动物（螺）特有的保护装置，它是由足部后端背面的皮肤分泌而成的。厣的形态和质地多种多样。它是一种保护器官，就像一个盖子，当动物的身体完全缩入壳内后，便用厣把壳口盖住，因此它的大小和形状常常和壳口一致。但也有许多种类，如芋螺科和凤螺科等动物的厣极小，不能盖住壳口。

在厣的上面生有环状或螺旋状的生长纹，生长纹有一核心部。核的位置有时接近中央，有时偏向侧方或上方，因此构成了多种形态，有螺旋形厣和非螺旋形厣之分。在螺旋形厣中，又分多旋和寡旋；非螺旋形厣又分同心型、覆瓦型和爪型。

在前鳃类中有些种类在成体时无厣，如鲍科、鹑螺科等；肺螺类的成体，几乎都无厣，但在柄眼目的某些种类，它们能分泌黏液膜，称为“厣膜”，将壳口封闭以利越冬或度夏。

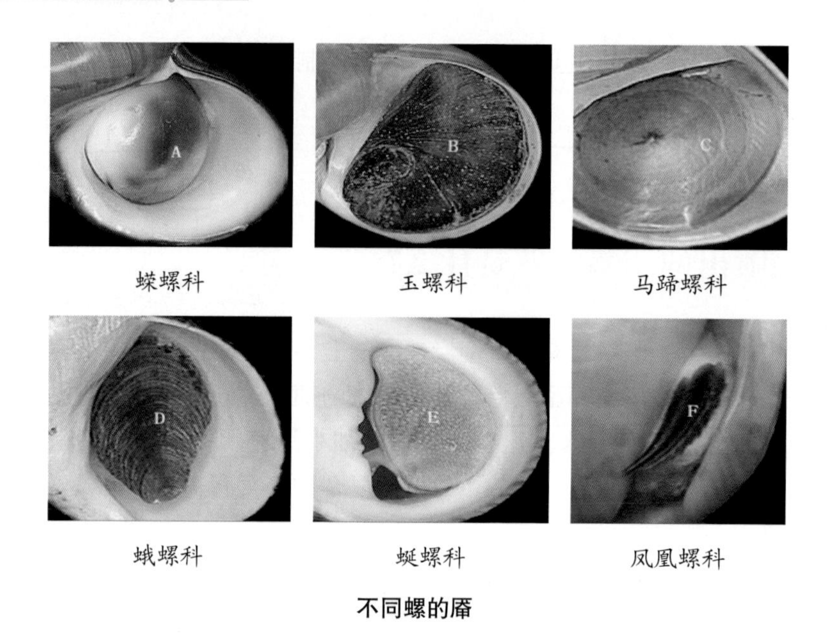

不同螺的厣

★蔡英亚. 贝类学概论[M]. 上海：上海科学技术出版社，1979

（编撰人：付京花；审核人：付京花）

81. 什么是观赏鱼？

观赏鱼是指具有观赏价值，色彩鲜艳或形态特殊或具有特殊生活习性的鱼类。它们分布在世界各地，品种不下数千种。有的生活在淡水中，有的生活在海水中，有的来自温带地区，有的来自热带地区。有的以色彩绚丽而著称，有的以形状怪异而称奇，有的以稀少名贵而闻名。

观赏鱼特点是“新、奇、特”，市场走俏。观赏鱼类是从自然界野生鱼类中开发而来的，如著名的七彩神仙鱼，发源于亚马逊流域。

七彩神仙鱼　　金鱼

★昵图网，网址链接：http://www.nipic.com/show/8343548.html
★艺都论坛网，网址链接：http://bbs.yduoo.com/read.php？fpage=2&tid=64459

土著鱼类，亦称为原生态鱼类，是观赏鱼品种创新的重要途径之一，近些年新发现的洞穴鱼类，如金线鲃、盲金线鲃，由于外形奇特，不仅具有很高的科研价值，更具观赏价值。鲤形目、虾虎鱼亚目、鲀形目等很多小型鱼类，鳍条姿态优美，色彩斑斓，深受观赏鱼爱好者喜欢，如宽鳍鱲、子陵吻虾虎等；一些食用鱼类，如鲟鱼、鲀鱼等，因形态优美，也可被列为观赏鱼类。

（编撰人：肖诗强；审核人：赵会宏）

82. 观赏鱼可以分为哪些种类?

观赏鱼品种保守估计有1 600多种，其中750多种为淡水品种，其余为海水观赏鱼。在国际观赏鱼市场中，通常由三大系列组成，即温带淡水观赏鱼、热带淡水观赏鱼和热带海水观赏鱼，但也有人将其分成四大类，即热带淡水鱼、冷水性淡水鱼、热带海水鱼和冷水性海水鱼。据不完全统计，我国饲养的淡水观赏鱼大约有500种，其中包括200多种热带鱼，300多种金鱼和锦鲤。

（1）淡水观赏鱼。淡水观赏鱼通常分为金鱼、锦鲤、热带观赏鱼三大类。其中，大宗淡水观赏鱼品种有金鱼、锦鲤、孔雀鱼、七彩神仙、鱼龙鱼、花罗汉鱼等。孔雀鱼、七彩神仙鱼是世界性养殖品种，深受各国人民欢迎。

（2）海水观赏鱼。热带海水观赏鱼是全世界最有发展潜力的观赏鱼类。我国海水观赏鱼多属珊瑚礁鱼类，大多数分布于太平洋和印度洋，少数产于红海附近，有鲈形目、鲽形目、金眼鲷目、海龙目和鲀形目等种类。海水观赏鱼也分为几个常见大类，如小丑、雀鲷、蝴蝶鱼、倒吊、神仙鱼、炮弹鱼及其他海水类。

海水观赏鱼

淡水观赏鱼

★新浪网，网址链接：http://blog.sina.com.cn/s/blog_12ef19b430102whmn.html
★视觉中国网，网址链接：https://www.vcg.com/creative/800759461？from=sogou

（编撰人：肖诗强；审核人：赵会宏）

83. 观赏鱼混养需要注意的问题有哪些?

不少玩家喜欢混养观赏鱼，不同观赏鱼混养确实能达到更好的观赏效果，也可以充分利用鱼缸空间，但是观赏鱼混养要掌握一定的技巧，不然很容易出现打架、互相残食的现象。观赏鱼混养要注意以下细节。

（1）从美学角度讲，混养应有主次之分。例如红剑鱼不宜和孔雀鱼混养，因为两种鱼泳姿不同，而且颜色都太鲜艳。混养应有主次之分，主多次少，主要的品种应与次要的品种在颜色上形成对比。

（2）混养要注意鱼在水体上、中、下三层的分布。尽量让鱼在水的各层都有分布，那么混养就比较协调了。

（3）体色的搭配应和谐。一般情况下，同一缸中的鱼，红、黄、白、黑、蓝、花等颜色有3～4种就可以了，颜色太杂反而不美。

（4）游动快的和慢的不宜混养。

（5）自身花纹多的和单色的要考虑是否能互补。

（6）性情凶猛的鱼与文静鱼不能混养。

（7）食量大的与食量小的、抢食快的与抢食慢的、体型差别过大的鱼不宜混养。

（编撰人：肖诗强；审核人：赵会宏）

84. 如何选购健康良好的观赏鱼?

选购健康的观赏鱼对于初学者来说尤为重要。在饲养经验不足时，应以生命力强、易于饲养、对水质要求不高的品种为首选。健康的观赏鱼外观色泽艳丽、花纹明显、体表光洁、无发白及白膜现象；体型线条流畅，鳃盖开启自如、鱼鳍舒展、行动迅速、群游群栖，抢食积极，用捞网不容易捕捉到。选购时应从体表、体型、鳍条、游动姿态、行为与排泄物等方面综合判断鱼是否健康，除上述内容外，还应注意以下细节。

（1）选择活泼好动、没有受伤的鱼。选鱼时，要选购动作活泼且有精神的鱼，不要选躲在角落里的鱼。要查看鱼体有没有受伤，尤其要查看尾鳍和体表是否破损。

（2）避免买到病鱼。①太瘦的鱼不要买。②看起来生病的鱼不要买。③鱼体颜色不好、鱼鳍无法展开、游姿像是漂浮在水面上的鱼，也不要购买。④可先观察鱼的采食情形，然后才购买。同类鱼中，见到有饵料就抢食的个体，食欲良好，通常是健康、生命力强的鱼。

（编撰人：肖诗强；审核人：赵会宏）

85. 观赏鱼饲养需要哪些设备？

观赏鱼以其艳丽的体色、奇特的体型、有趣的习性而深受人们的喜爱。在居室、商店、公园、水族馆、海洋馆等处都可见到，与人类的关系非常密切。喜欢饲养观赏鱼的朋友，一定会给自己的观赏鱼配备好的设备，不过在选择的时候有的设备是必备的，有些设备不是必需的，简单介绍如下。

（1）必需设备。

①鱼缸。鱼类生长和活动的场所。

②过滤系统。包括水泵、过滤材料，主要用于过滤、保持水质良好。

③氧气泵。用来增加水中的溶氧量。

④鱼粮。观赏鱼饲料。

（2）可选设备。

①电热棒（加热棒）。用来控制和保持鱼缸水温，温度低于设定温度自动加热。

②照明设备。日常给鱼类或水草提供光照。

③温度计。用来测量鱼缸的水温。

④鱼缸造景用品。改善鱼缸视觉效果，如壁纸、沉木、假水草等。

⑤益生菌制剂。调节、改善水质的微生物制剂，如光合细菌、硝化细菌，能有效除去水中的氨氮、亚硝酸盐、硫化氢等有害物质。

⑥药品。治疗鱼病。

⑦简易水质检测设备。主要用于溶氧、pH值、亚硝酸盐等理化指标检测。

⑧治疗小缸、吸便器、磁力刷、长柄塑料夹、镊子、自动喂食器、杀菌灯等。

（编撰人：肖诗强；审核人：赵会宏）

86. 斗鱼为什么叫斗鱼？

斗鱼，是指隶属于鲈形目、攀鲈亚目、丝足鲈科、斗鱼亚科的小型鱼类，以鳃呼吸，具有辅助呼吸器官——迷器（或迷鳃），迷器位于鳃上方，密布血管，空气经口吸进迷器内，斗鱼便能靠这些空气中的氧存活于低氧水体中。

斗鱼为淡水小型鱼类，以其体色艳丽和凶残好斗而著名。能栖息在池沼、沟渠的污水中，捕食孑孓等幼体。雄鱼尤为善斗，因此称为斗鱼。斗鱼在静止状态时，颜色比较暗淡，当它为了获取配偶的欢心或搏斗发怒时，全身的鳍立即散发出带有炫目感的金属光彩，并用口撕咬它的敌人。

斗鱼类主要分布于热带亚热带，我国分布着两种，一种属广布性的圆尾斗鱼，另一种分布于南方的叉尾斗鱼。泰国产的斗鱼也叫暹罗斗鱼或博鱼，是斗鱼中最漂亮和最好斗的。

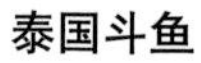

泰国斗鱼　　**中国斗鱼**

★北海365论坛网，网址链接：http://www.beihai365.com/read.php？tid=2086503
★城际分类网，网址链接：http://www.go007.com/jiangmen/guanshangyu/99922bd9f6b62cd9.htm

（编撰人：肖诗强；审核人：赵会宏）

87. 接吻鱼为什么会接吻?

接吻鱼又名吻鲈，小型鱼类，体长一般为3～5cm。身体呈长圆形，头大，嘴大，尤其是嘴唇又厚又大，并有细锯齿。眼大，有黄色眼圈。背鳍、臀鳍特别长，从鳃盖的后缘起一直延伸到尾柄，尾鳍后缘中部微凹。胸鳍、腹鳍呈扇形，尾鳍呈三角形。原产于东南亚地区的泰国、印度尼西亚、苏门答腊、婆罗洲和爪哇，为常见观赏鱼。

吻鲈以喜欢相互“接吻”而闻名，意喻爱情长久而得到养鱼者的喜爱。实际上，接吻鱼的“接吻”并不是友情表示，而是一种争斗。当两条接吻鱼相遇时，双方都会不约而同地伸出生有许多锯齿的长嘴唇，用力地相互碰在一起，如同情人“接吻”一般，长时间不分开，这种行为有宣誓领地的性质，挺不住的那条鱼会松开嘴逃跑。吻鲈以水中的小型水蚤、青苔等微生物为食，有时也会以嘴叮在鱼缸上，可能是一种摄食行为。

接吻鱼

★黔农网，网址链接：http://m.qnong.com.cn/yangzhi/yangyu/10038.html

（编撰人：肖诗强；审核人：赵会宏）

88. 为什么鱼死后鱼鳃的颜色会变暗？

鳃是鱼的重要呼吸器官，不同鱼类鳃部的结构基本相似，都是由鳃弓、鳃耙、鳃丝、鳃小片等组成。其中鳃小片是气体交换的地方，鳃小片主要由上皮细胞、柱细胞和毛细血管网等组成，鳃小片的两层单层上皮细胞间形成腔隙结构即毛细血管腔，腔隙间由柱细胞支撑，充满血液，毛细血管中也含有流动的血液，水流和血流在鳃小片间形成对流加强了鳃部对水中溶解氧的吸收能力。

鱼体血液由血浆和血细胞构成，血细胞包括红细胞、白细胞和血小板。红细胞富含血红蛋白（一种含铁蛋白质），在氧浓度高的地方容易与氧结合，形成红色。

活着的鱼体其鳃内血液能够与外界进行气体交换，携带氧气后，颜色呈鲜红色；而死鱼鳃内的血液不流动，也不能与外界进行气体交换，故颜色是暗红色。

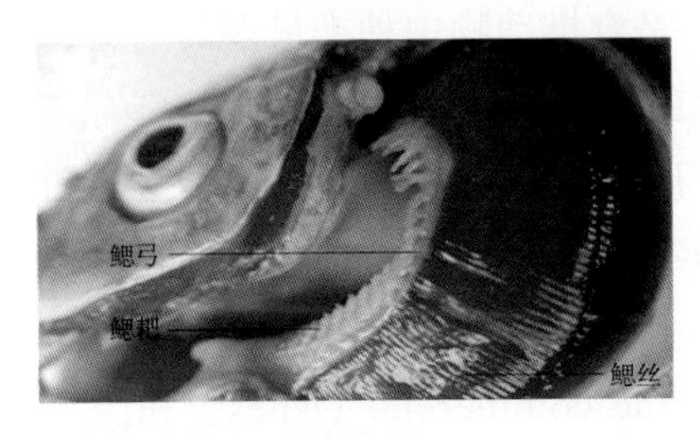

活鱼鳃部

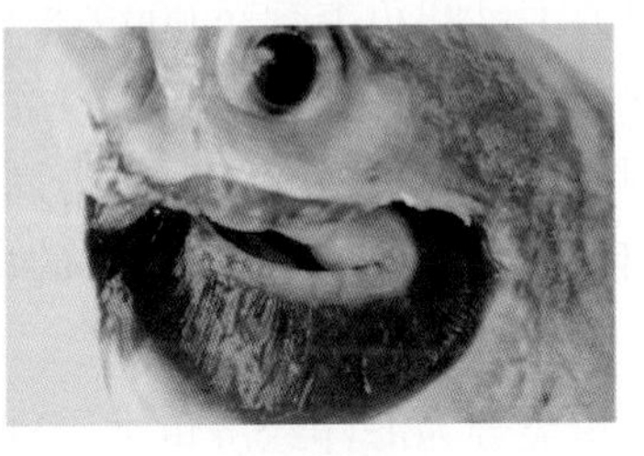

死鱼鳃部

★搜狐网，网址链接：http://www.sohu.com/a/140945126_174909
★中国海洋食品网，网址链接：http://www.oeofo.com/news/201609/09/list186089.html

（编撰人：肖诗强；审核人：赵会宏）

89. 为什么鱼死后肚皮会朝上?

多数鱼体内，有调节身体比重的器官，叫鳔。鱼可以在不同深度水中通过鳔放气或吸气来调节鱼类身体的比重，使鱼体比重和周围水的比重一致，这样鱼类就可以自由停留在不同水层。而鱼鳍是鱼类游动及平衡的器官，在鱼体转向、上浮和下潜过程中，鱼鳍会有较大幅度动作，其运动频率也会增加。

鱼类濒临死亡时，鱼鳍停止摆动或者摆动变慢，肌肉也失去了神经系统的控制，鱼鳔的体积增大，失去自身调控作用。由于鱼体背部大多是脊椎骨和肌肉，比重较大；而腹部多为内脏器官，空腔大，比重较小，所以，当鱼死亡以后，比重小的腹部会浮在水面。

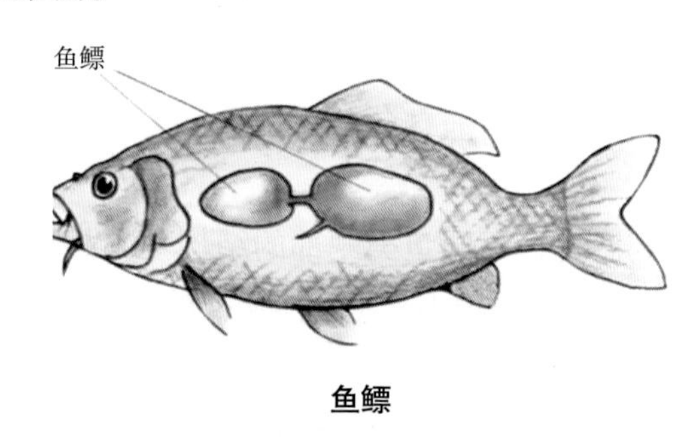

鱼鳔

★百度图片，网址链接：https://image.baidu.com

（编撰人：肖诗强；审核人：赵会宏）

90. 我国主要的淡水经济鱼类有哪些?

淡水鱼类（Freshwater fishes）指栖息于江河、湖沼、水库等淡水水体中的鱼类。世界上已知鱼类有26 000多种，是脊椎动物中种类最多的一类，约占脊椎动物总数的48.1%。它们绝大多数生活在海洋里。

我国淡水鱼类有1 050多种，分属于18目52科294属。其中，鲤科鱼类最多，有500余种，约占我国全部淡水鱼的1/2；鲇科和鳅科的种类有300余种，占我国全部淡水鱼的1/4。

经济鱼类分为海洋经济鱼类（Marine commercial fishes）和淡水经济鱼类（Freshwater commercial fishes），是指水体中具有开发利用价值的鱼类。

按重要水系划分，由北至南，我国主要淡水经济鱼类有以下种类。

黑龙江水系主要有青、草、鲢、鲤、鲫、翘嘴鲌、青梢鲌、鲂、鳡、鳜、哲罗鱼、细鳞鱼、白鲑、狗鱼、江鳕等；特有种类有施氏鲟、鳇、银鲫、大麻哈鱼等。

辽河水系主要经济淡水鱼类有鲤、鲫、雅罗鱼、鲇等。

海河水系主要经济淡水鱼类有鲤、鲫、鲇、黄颡鱼、赤眼鳟、鲌属、鲂、乌鳢、鳜鱼等。

黄河水系主要经济鱼类有鲤、鲫、赤眼鳟、雅罗鱼、鲇、刺鮈、黄河鮈、平鳍鳅鮀、多鳞铲颌鱼等。

长江水系主要经济鱼类种类很多，盛产四大家鱼以及鲤、鳡、鳤、鯮、鳊、鲂、赤眼鳟、长吻鮠、鲇、鳜鱼等。

闽江水系主要经济鱼类是鲤、倒刺鲃和鲇等。

珠江水系主要经济鱼类有鲤、鲫、鲢、鳙、草鱼、鲮、鳊、鲂、赤眼鳟、卷口鱼、倒刺鲃等。

澜沧江、怒江水系主要经济鱼类是裂腹鱼类、条鳅等。

我国台湾和海南主要经济淡水鱼类有鲤、鲫、青鱼、草鱼、鲢、鳙以及鲃亚科鱼类。

（编撰人：肖诗强；审核人：赵会宏）

91. 我国主要的海洋经济鱼类有哪些？

我国有海洋鱼类3 000多种，海洋鱼类是我国海洋水产品的重要基础，同时海洋鱼类是人类重要的蛋白质来源之一。

海洋经济鱼类（Marine commercial fishes）是指海水中具有开发利用价值的鱼类。中国主要海洋经济鱼类有大黄鱼、小黄鱼、带鱼、篮子鱼、鲐、黄海鲱、鲀、鲚、鳓、灰鲳、金鲳、竹筴鱼、金色小沙丁鱼、黄鲫、石斑鱼、鲅、刀鱼、舌鳎、牙鲆、大鳞鲆、鲻梭、颌针鱼、狗鱼、鳗鲡、海龙等。

（编撰人：肖诗强；审核人：赵会宏）

92. 为什么四大家鱼是青、草、鲢、鳙？

“四大家鱼”是指人工养殖的青鱼、草鱼、鲢和鳙，是中国千百年来在众多池塘养殖品种中筛选出来的高产混养鱼种。四大家鱼均属于鲤形目、鲤科鱼类。

青鱼、草鱼、鲢和鳙作为“四大家鱼”，主要原因是极易繁殖和养殖，适合早期简单粗放的生产模式。

青鱼　　草鱼

鲢鱼　　鳙鱼

★搜狗网，网址链接：https://wenwen.sogou.com/z/q802557928.htm
★致富热网，网址链接：https://www.zhifure.com/snzfj/57007.html
★三联网，网址链接：https://www.3lian.com/gif/2017/12-19/1513645174175138.html
★搜狗网，网址链接：https://baike.sogou.com/historylemma？lId=540524&cId=130735056

（编撰人：肖诗强；审核人：赵会宏）

93. 为什么说水至清则无鱼？

影响鱼类生长的环境因素，主要有水中的溶解氧含量、水温、透明度、pH值、营养盐类、有机质、饵料生物、病虫害等因子。

水体太清澈通常意味着水体中的藻类及微生物缺乏。首先，太清澈的水体中含氧量较少，直接影响了微生物系统、藻类以及鱼类的生存；其次，水体透明度太高，阳光照射水体，光线强度太大，对鱼的正常的游动和摄食产生影响；再次，缺乏水生植物，水体中有害物质不易转化与分解，生态系统的多样性低，水环境易受到外界条件的影响，造成鱼类死亡。

（编撰人：肖诗强；审核人：赵会宏）

94. 什么是藻类？

藻类是能够进行产氧光合作用的原核生物（蓝细菌）以及具有其共同祖先的内共生后代（质体）的真核生物的统称。藻类结构简单，单细胞或者多细胞，具有多种色素，光合自养或异养，能生存于缺有机营养的生境中，是一类比较原始的低等生物。

藻类类型多样，分布广泛，人类已知的藻类有3万种左右，生活在海水或淡水中，少数藻类生活在潮湿的土壤、树皮或石头上。

在形态构造上，藻类的差异较大，藻体为单细胞、群体或多细胞体，微小者必需借显微镜才能看见，大的藻类可长达几米、几十米到上百米，在内部构造上初步具有细胞上的分化而并不具备真正的根、茎、叶，整个藻体就是一个简单的含有叶绿素能进行光合作用的叶状体。

藻类的繁殖方式有营养繁殖（通过细胞分裂或断裂成藻植段）、无性繁殖（通过释出游动孢子或其他孢子）或有性繁殖。有性繁殖一般发生在生活史中的艰难时期（如于生长季节结束时或处于不利的环境条件下）。

多数藻类是鱼类的饵料，少数藻类可供人类食用，如海带、紫菜、发菜等。还有一部分藻类可以入药，如海人草。如果藻类大量繁殖和突然死亡，可造成水华和赤潮等环境问题。

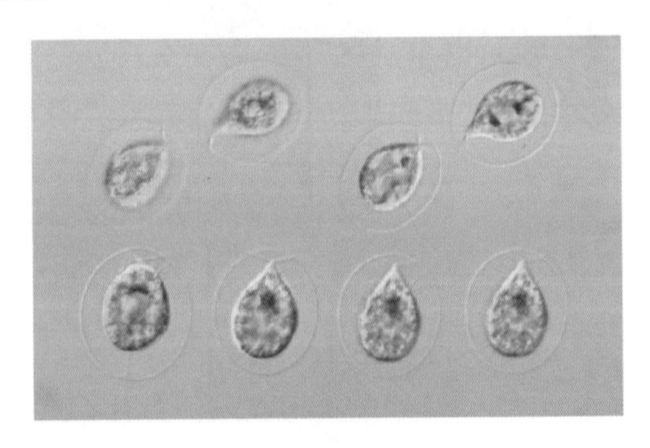

衣藻

★Protest Information Server，网址链接：protist.i.hosei.ac.jp

（编撰人：彭桂香；审核人：彭桂香）

95. 藻类都可以进行光合作用吗?

并不是所有的藻类都可以进行光合作用。虽然绝大多数的藻类能进行光合作用，行光能无机营养生活，但有少数低等藻类是异养的或暂时是异养的。如裸藻和甲藻，这两个类群中有一些种类是只进行异养不进行光合作用的。据报道东海原甲藻（*Prorocentrum donghaiense*）也不能进行光合作用；还有能够引起家畜和人类皮肤病的原绿藻（*Prototheca didemni*）由于长期的内寄生原因，其质体已经退化为无色，同样不能够进行光合作用。

一般藻类的细胞内除含有和绿色高等植物相同的光合色素外，有些类群还具有特殊的色素而且也多不呈绿色。

藻类的营养方式多种多样，例如一些低等的单细胞藻类，在特定的条件下也能进行光能有机营养、化能无机营养或化能有机营养，但绝大多数的藻类和高等植物一样，是在光照条件下，利用二氧化碳和水合成有机物质，以进行光能无机营养。裸藻在细胞外面没有细胞壁，是古代原生动物眼虫的植物学名称，同时具有动物与植物两种特性。在裸藻属（*Euglena*）中，除极少数种类无色，进行异养生活外，另外如纤细裸藻（*Euglena gracilis*）等具有既可自养又可异养的特性，但是大多数裸藻的细胞却又有含叶绿素的叶绿体，能够进行光合作用。

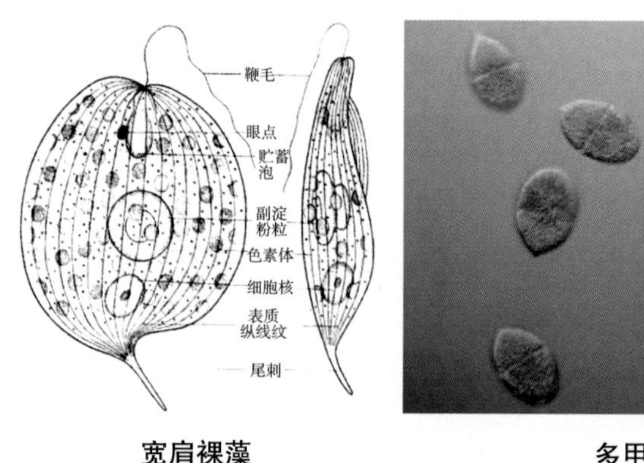

宽肩裸藻　　多甲藻属

★互动百科，网址链接：http://www.baike.com/

（编撰人：彭桂香；审核人：彭桂香）

96. 藻类具有根吗?

藻类没有根。藻类没有真正的根、茎、叶，也没有维管束，但有些藻类有根状物和叶状体，如海带属褐藻门是藻类进化中比较高等的一类，植物体分为根状物和叶状体两个部分，但这不能说它具有了根、茎、叶的分化。因为海带的“根”实际上为假根，仅起固着作用，并不具有吸收营养物质的作用。

藻类是一类真核生物（有些也为原核生物，如蓝藻门的藻类），主要水生，能进行光合作用。藻类构造简单，多为单细胞、群体或多细胞的叶状体，体型大小各异，有小至1μm的单细胞的鞭毛藻，大的如大型褐藻长达60m。有些藻类有根状物和叶状体，但所有藻类缺乏真的根、茎、叶和其他可在高等植物上发现的组织构造。

海带（*Laminaria japonica*），是一种在低温海水中生长的大型海生褐藻植物，属褐藻纲海带目海带科海带属。孢子体大型，褐色，扁平带状，最长可达20m。分叶片、柄部和固着器，固着器呈假根状，即为根状物。

昆布（鹅掌菜、五掌菜）（*Ecklonia kurome*）属于褐藻纲海带目翅藻科昆布属，也具有根状物和叶状体，鹅掌菜即昆布。从生物学的角度来说海带与昆布并不是同一种藻类，它们差异还是很大。其实，现在的公众媒体，已经不再严格地区分“昆布”与“海带”了，因此“昆布”也渐渐地等同于“海带”了。

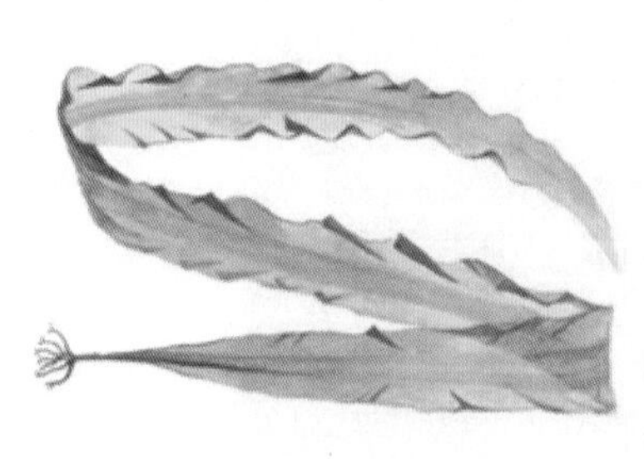

海带

鹅掌菜

★互动百科，网址链接：http://tupian.baike.com/a1_75_86_01300000180919121669868239011_jpg.html

★搜狐网，网址链接：http://www.sohu.com/a/160724669_592425

（编撰人：彭桂香；审核人：彭桂香）

97. 藻类具有叶吗?

藻类没有叶。藻类没有真正的根、茎、叶，也没有维管束，但有些藻类有根状物和叶状体，但这不能说它具有了根、茎、叶的分化。

除蓝藻为原核生物外，藻类是一类比较原始、古老的低等植物，是孢子植物，主要水生。藻类含叶绿素等光合色素，能进行光合作用。藻类构造简单，多为单细胞、群体或多细胞的叶状体，如小球藻是单细胞，团藻属于群体，海带呈叶状体。藻类体型大小各异，有小至1μm的单细胞的鞭毛藻，大的如大型褐藻长达60m。所有藻类缺乏真的根、茎、叶和其他可在高等植物上发现的组织构造。

海带（*Laminaria japonica*），是一种在低温海水中生长的大型海生褐藻植物，属褐藻纲海带目海带科海带属。孢子体大型，褐色，扁平带状，最长可达20m。分叶片、柄部和固着器，叶片即为叶状体。

紫菜（*Porphyra*）属于红藻纲红毛菜科。藻体呈膜状，称为叶状体，紫色或褐绿色，形状随种类而异。紫菜固着器盘状，假根丝状。叶状体由包埋于薄层胶质中的一层细胞组成，深褐、红色或紫色。生长于浅海潮间带的岩石上。种类多，主要有条斑紫菜、坛紫菜、甘紫菜等。

海藻种类

★江西文明网，网址链接：http://data.jxwmw.cn/index.php？doc-view-952

（编撰人：彭桂香；审核人：彭桂香）

98. 哪些藻类具有毒性？

有毒藻类是能分泌毒素的藻类，其中的一部分能直接杀死鱼虾贝类，另外一些能通过食物链引起人体患病、腹泻或中毒死亡。

（1）海水水华（赤潮）与产藻类毒素藻种。在全世界海洋浮游微藻4 000多种中有近300种能形成赤潮，其中有70多种能产生毒素。由赤潮引发的赤潮毒素统称贝毒，贝毒已确定有10余种，其毒素比眼镜蛇毒素高80倍，比一般的麻醉剂，如普鲁卡因、可卡因还强10万多倍。麻痹性贝毒是世界范围内分布最广、危害最严重的一类毒素。常见的赤潮毒素有以下五大类，能产生各类赤潮毒素的藻种如下。

①产麻痹性贝毒藻种。塔马尔膝沟藻、链状膝沟藻、念珠膝沟藻、涡鞭毛

藻、塔马亚历山大藻、链状亚历山大藻、渐尖鳍藻等。

②产腹泻性贝毒藻种。倒卵形鳍藻、渐尖鳍藻、尾状鳍藻、褐胞藻。

③产记忆缺失性贝毒藻种。硅藻门。

④产神经性贝毒藻种。短裸甲藻。

⑤产西加鱼毒藻种。深海藻类。

（2）淡水水华与产藻类毒素藻种。淡水水华藻类的主要种类是蓝藻和绿藻，蓝藻广泛分布于世界各地，仅蓝藻门就有20个属63种，但最常见的是，微囊藻属、颤藻属、鱼腥藻属、束毛藻属、束丝藻属、节球藻属、念珠藻属和柱细胞藻属等。产生的蓝藻毒素是目前已知毒性最高，对人类健康危害最大的藻类，按作用类型可分为肝毒素、神经毒素等。能产生毒素的藻种有如下两种。

①产肝毒素藻种。微囊藻（*Microcystis*）、节球藻、柱细胞藻。

微囊藻毒素是常见的环肽类肝毒素，其毒性较大，分布广泛，是目前研究较多的一族有毒化合物，目前藻污染的毒理学研究主要集中在微囊藻毒素上。

②产神经毒素藻种。鱼腥藻属、颤藻属、束丝藻属和束毛藻属。

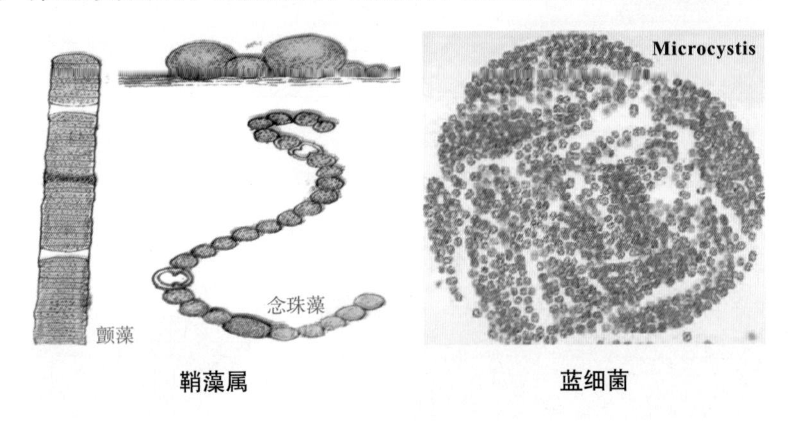

鞘藻属　　　　蓝细菌

★互动百科，网址链接：http://www.baike.com/wiki/%E9%9E%98%E8%97%BB%E5%B1%9E
https://baike.sogou.com/v352236.htm？cid=q.in.hot.baike

（编撰人：彭桂香；审核人：彭桂香）

99. 赤潮是什么？

赤潮，又称红潮，是指由海水中某些浮游植物、原生动物或细菌在一定环境条件下，突发性繁殖或聚集而引起的一种水体变色的生态异常现象。赤潮不仅有赤色，还有白、黄、褐、绿色赤潮。

根据赤潮发生的原因、种类和数量的差别，水体会呈现不同的颜色，有红颜色或砖红颜色、黄色、绿色、棕色等。另外某些赤潮生物（如膝沟藻、裸甲藻、梨甲藻等）引起赤潮有时并不引起海水呈现任何特别的颜色。构成赤潮的浮游生物种类很多，但甲藻、硅藻类大多是优势种。赤潮是一种非常复杂的生态异常现象，发生的原因也比较复杂，一般认为是由于水不流动、富营养化、日照量增大和水温上升等因素综合作用的结果。

赤潮发生时，大量赤潮生物集聚并堵塞鱼类鳃部，鱼类因缺氧而窒息死亡；赤潮生物死亡后，藻体在分解过程中大量消耗水中的溶解氧，导致鱼类及其他海洋生物因缺氧死亡，严重破坏海洋正常生态系统；鱼类吞食大量有毒藻类，可致其中毒死亡；有些藻类分泌的毒素通过食物链严重威胁消费者的健康和生命安全。

如何预防赤潮呢？需尽可能减少海洋生态系统中能量与人为有害物质输入量，有计划地减少沿海及海上工业废弃物和城市生活污水的入海排放量；尽量避免或减少沿海水产养殖区因为养殖密度过高和过度投饵所造成的自身污染。

赤潮

★天天探索网，网址链接：http://app.myzaker.com/news/article.php？pk=5982fc641bc8e04f54000078

（编撰人：彭桂香；审核人：彭桂香）

100. 水华是什么？

水华是指淡水水体中藻类大量繁殖的一种自然生态现象，也有部分的水华现象是由浮游动物腰鞭毛虫引起的。是水体富营养化的一种特征。水华发生主要是由于生活及工农业生产中含有大量氮、磷的废水和污水进入水体后引起的。绝大多数的水华仅由藻类引起，如蓝藻（严格意义上应称为蓝细菌，包括颤藻、蓝球藻、发菜等）、念珠藻、绿藻、硅藻等；也有部分的水华现象是由浮游动物腰鞭毛虫引起的。水华发生时，水一般呈蓝色或绿色。

淡水藻类的大部分门类都有形成有害水华的种类，包括属于真核藻类的绿藻、隐藻、甲藻、金藻等，以及属于原核生物的蓝藻。这些藻类有些产生异味物质，有的产生毒素，但是蓝藻水华的发生范围最广，淡水中蓝藻“水华”通过产生异味物质和蓝藻毒素，影响饮用水源和水产品安全造成危害。

在我国古代历史上“水华”现象就有记载。在富营养水体中“水华”频繁出现，随着水体富营养化的发展，水华面积逐年扩散，持续时间逐年延长。太湖、滇池、巢湖、洪泽湖都有“水华”（蓝藻），就连流动的河流，如长江最大支流汉江下游汉口江段中也出现“水华”（硅藻）。

防控水华的主要措施有打捞、絮凝除藻和生物控藻等。解决水华的办法是减少污水排入水体。

2016年太湖蓝藻水华暴发

★中国侨网，网址链接：http://www.chinaqw.com/jjkj/2017/02-06/124892.shtml

（编撰人：彭桂香；审核人：彭桂香）

101. 赤潮和水华有哪些危害?

赤潮和水华现象，分别是海水和淡水长期被污染，水体富营养化而造成水体生态系统被破坏后的一种自然现象。

（1）赤潮的危害。国内外大量研究表明，海洋浮游藻（如膝沟藻、裸甲藻、梨甲藻等）是引发赤潮的主要生物，在赤潮消失期，赤潮生物大量死亡和分解，水中溶解氧被耗尽，分解物产生大量的有害气体，恶臭难闻，严重威胁旅游业和海洋养殖业的发展。在全世界4 000多种海洋浮游藻中有近300种能形成赤潮，其中有70多种能产生毒素，他们分泌的毒素有些可直接导致海洋生物大量死亡，有些甚至可以通过食物链传递，造成人类食物中毒。

（2）水华的危害。水华就是淡水水体中藻类大量繁殖的一种现象，在静态水体，尤其以鱼塘、流动不畅的内河涌等较常出现。淡水富营养化后，水华频繁出现，面积逐年扩散，持续时间逐年延长，就连流动的河流，如长江最大支流汉江下游汉口江段中也出现“水华”。淡水中水华使饮用水源受到威胁，藻毒素通过食物链影响人类的健康，蓝藻引起的“水华”产生次生代谢产物MCRST能损害肝脏，具有促癌效应，直接威胁人类的健康和生存，自来水厂的过滤装置也被藻类“水华”填塞。漂浮在水面上的“水华”影响景观。“水华”现象的出现对鱼类的影响很大，使鱼产量逐渐减少，严重的会使鱼类出现大批死亡。

水华的危害

★中国网，网址链接：http://forum.china.com.cn/redirect.php? fid=147&goto=nextnewset&tid=506193

（编撰人：彭桂香；审核人：彭桂香）

102. 赤潮一定是红色的吗?

其实并不都是红色的。

赤潮是指由海水中某些浮游植物、原生动物或细菌在一定环境条件下，突发性繁殖或聚集而引起的一种水体变色的生态异常现象。

根据赤潮发生的原因、种类、和数量的差别，水体呈现出不同的颜色，有红颜色或砖红颜色、黄色、绿色、棕色等。但某些赤潮生物（如膝沟藻、裸甲藻、梨甲藻等）引起赤潮有时并不引起海水呈现任何特别的颜色。

赤潮主要是生物、化学和物理等因素综合作用引起的。在生物因素方面，赤潮生物群落是赤潮发生最基本的生物因子。引起赤潮的浮游生物有100多种，主要有夜光虫、铠角虫、裸甲藻、鼎型虫、根管藻、角毛硅藻、盒型藻、小定鞭金藻、束毛藻等。其中甲藻、硅藻类是最常见的赤潮生物。赤潮发生时的颜色主要由引起赤潮的海洋浮游生物的种类来决定的。由夜光虫引起的赤潮呈现粉红色或棕红色，而有某些硅藻引起的赤潮呈现出黄褐色或红褐色，由某些双鞭毛藻引起的赤潮呈绿色或褐色，而由膝沟藻引起的赤潮，海水颜色没有明显的变化。所以赤潮并不是像它的名称那样，都是红色的。

赤潮

★商圈资讯网，网址链接：http://www.shahe99.com/forum.php？mod=viewthread&tid=29465

（编撰人：彭桂香；审核人：彭桂香）

103. 如何治理赤潮水华?

水华和赤潮的防治措施主要就是防止水体的富营养化，即控制进入水体的氮、磷营养物质。

（1）控制外源性营养物质输入，主要依靠政策措施。严格控制水域周边氮肥和磷肥等化学肥料排放量大的工厂污水的排放和农业生产以及生活污水的排放。

（2）减少内源性营养物质负荷，应视不同情况，采用不同的方法，主要的方法如下。

①工程性措施。包括挖掘底泥沉积物、水体深层曝气、注水冲稀以及在底泥表面铺设塑料等。

②化学方法。这是一类包括凝聚沉降和用化学药剂杀藻的方法，价格比较便宜的铁、铝和钙能与磷酸盐生成不溶性沉淀物而沉降下来。也可以用杀藻剂杀死藻类。

③微生物投加方法。投加适当的适量的微生物（各类菌种），加速水中污染物的分解，起到水质净化的作用，提高水体的环境容量，增强水体的自净能力。

④生物性措施。种养水生植物，如挺水植物、浮叶植物、大型飘浮植物、着生藻类、浮游藻类、沉水植物。

⑤投放水生动物。根据水体的特定环境，投放相适应的水生动物，如鱼类、底栖动物。

⑥建立人工生态体系。人工生态系统利用种植水生植物、养鱼、养鸭、养鹅等形成多条食物链。

向海中喷洒赤潮消除剂

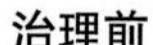

治理前　　治理后

★人民网，网址链接：http://pic.people.com.cn/GB/42589/4669578.html
★项目合作网，网址链接：http://xiangmuhezuo.huangye88.com/xinxi/70470988.html

（编撰人：彭桂香；审核人：彭桂香）

104. 什么是增氧机?

增氧机是一种以电动机或柴油机为动力源进行驱动工作的部件，该部件可以让空气中的“氧”快速转移至养殖水体中，综合利用物理、化学和生物三者的功能，不仅解决池塘养殖由于缺氧而出现的鱼浮头问题，还可以减少水体的有害气体，推动水体交替对流，提高水体品质，降低饲料系数，提升鱼池活性并且提高初级生产率，并且由此上升放养密度，提升带动养殖对象的摄食强度，促进生长，使单位产值大幅度提高，充分实现养殖增收的目标。

增氧机机型繁多，其工作特性和相关原理也各不相同，增氧效果参差不齐，适用范围也各不相同，生产者可根据自身系统对溶氧的需求，合理选择合乎要求的增氧机以获得所需的经济效益。

增氧机

★百度图库，网址链接：https://image.baidu.com/search/detail

（编撰人：漆海霞；审核人：闫国琦）

105. 增氧机的原理是什么？

增氧机的性能指标主要体现在增氧能力和动力效率。增氧能力表示为一台增氧机60min里对水体的增氧量，单位为kg/h；动力效率指每台增氧机消耗1度电可对水增加的氧气量，单位是kg/（kW·h）。假如有一台1.5kW的水车增氧机，当动力效率为1.7kg/（kW·h），表明该机每消耗1度电，可向水体增加1.7kg氧气。

虽然在水产养殖生产中越来越普遍采用增氧机，但是仍存在部分渔业从业者不明白其工作原理、类型和功能，因此在实操中表现为盲目且随意。因此有必要先弄懂增氧机的工作原理，这样在实际操作中方可掌握它的使用方法。增氧机是用以向水体增加溶氧量的，这涉及氧气的溶解度和溶解速率。溶解度有水温、含盐浓度、氧分压3个因素。溶解速率又包括溶氧的不饱和程度、水—气的接触面积和方式、水的运动状况3个因素。其中水温和含盐浓度是水体的稳定状况，一般无法更改，溶氧的不饱和程度是可以更改的因素，也是水体现存的一个状况。因此为了实现增氧必须直接或间接地改变氧分压、水—气的接触面积和方式、水的运动状况3个因素。针对以上情况，设计增氧机时可采用的方法有：①利用机械部件翻动水体，促进水体对流和界面交替。②把水分散为细小雾滴，喷入气相，增加水—气的接触面积。③通过负压吸气，令气体分散为小气泡，压进水中。

各类型号的增氧机都是根据以上因素设计制造的，它们要么改变一种因素促进氧气溶解的措施，要么采取两种及两种以上措施促进增氧。

增氧机

★慧聪360网，网址链接：https://b2b.hc360.com.html

（编撰人：漆海霞；审核人：闫国琦）

106. 增氧机的作用是什么?

（1）改善池塘含氧量。主要表现在：当水体缺氧时使用增氧机，可防止鱼虾“浮头”现象。当晴天上层水体溶氧量高时使用，可加速水体上下循环对流，提高水体中层和下层的溶氧，有利于鱼虾快速生长，降低饵料系数，促进有机物的氧化分解，减少病害的发生。除此以外，水体的循环对流，还促进浮游生物的繁殖发育，提高池塘初级生产力。

可见，增氧机的作用，除了可以增加水体溶氧外，还有效促进池塘初级生产力和自净能力的提高，进而改善了水体品质和生态环境。但是，其产生的对流水体并不适用于某些养殖对象如鳗、虾的生活习性，但可促进鱼虾健康、快速生长。

（2）养虾场配置。增氧机的配置量与水源状况、养殖密度、总进排水耗能等因素相关。

水源状况：水源丰富与否，水体品质保持情况良好与否关系到水源的配置；如水质良好，可考虑少配，反之则多配，仅在水质好时多换水。

养殖密度即亩产：高则多配，低则少配。

排水耗能情况：若进排水能耗较少，增氧机可考虑少配；能耗较大，配置量应较大。

经济分析：对比电价、虾价后，若电价成本相对较高而虾售价相对较低，则考虑少配；反之则多配。

（3）应用前景。中国是世界渔业生产大国，20年来渔业产量位居世界各国前列，国内渔业的总产值占到全国农业总产值的一成左右。中国水产养殖产业已逐步向高密度、集约化发展，水产养殖总产量连年上涨，这与水产养殖业逐步实现机械化，特别是增氧机的广泛使用是密不可分的。可以说，增氧机是中国实现渔业现代化必须具备的基础设施。

（编撰人：漆海霞；审核人：闫国琦）

107. 增氧机的类型有哪些?

（1）叶轮式增氧机。具有增氧、搅水、爆气等功能，是目前使用最广的增氧机，年产量在15万台左右，其增氧性能、能耗效率均优于其他机型的增氧机，但由于运转噪声较大，常用于水深不低于1m的大面积的池塘养殖。

（2）水车式增氧机。具有良好的增氧及促进水体流动的效果，适用于淤泥较厚，面积1 000～2 540m^{2}的池塘使用。

（3）射流式增氧机。其增氧动力效率超过水车式、充气式、喷水式等形式的增氧机，其结构简单，不但可以形成水流，还具备搅拌水体的能力。该增氧机可平缓地增加水体氧含量，不伤害鱼类，适合鱼苗池增氧使用。

叶轮式增氧机

水车式增氧机

射流式增氧机

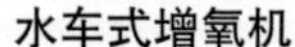

★百度图库，网址链接：https://image.baidu.com/search/detail

（4）喷水式增氧机。具有良好的增氧功能，可在较短时间内快速提高表层水体的溶氧量，同时还有艺术观赏效果，多用于园林或旅游区养鱼池。

（5）增氧泵。因其轻巧、操作简单以及单一的增氧能力，故在水深0.7m以下，面积在0.6亩（1亩≈667m^2，全书同）以下的鱼苗培育池或温室养殖池中较为常见。

随着渔业需求的不断细化和增氧机技术的不断提高，也逐渐推出许多新型的增氧机，如涌喷式增氧机、喷雾式增氧机等多种规格的增氧机。

（编撰人：漆海霞；审核人：闫国琦）

108. 如何正确地选用增氧机?

如何正确合理选用增氧机是用户很难选择的问题，因此必须学会在多种随机的环境因素下准确评估选择增氧机，例如包括水温、所养殖动物种类、所养殖动物的密度、水体的盐度、气候气温、自然风速气压、池塘大小的深度、水质施肥的多少、饲料投喂量的多少、自然水循环的流量等因素都是挑选增氧机性能的重要指标。

（1）叶轮式增氧机动力效果好，工作范围广，适合四大家鱼饲养。

（2）水车式增氧机动力效果也很好，推流效率高，水体表层溶氧量上升明显，适合虾、蟹类动物使用。

（3）潜水式、射流式增氧机则在深水养殖与较长型池塘使用较广。

（4）喷水式增氧机在小面积池塘增氧效果良好，适合园林式旅游区小型鱼池，但是对于大面积的池塘增氧量过低，不建议使用。

（5）充气式增氧机水越深效果越好，主要功能是让水体上下平缓地溶氧，同时鱼虾身体得到保护，适合鱼虾苗池的增氧使用。

上述机型中，水轮式增氧机是目前增氧能力最强的一种，水轮式增氧机是水体上下层对流向四周扩散的原理，四桨流动，改善水体的溶氧量，适合虾、蟹类养殖使用。

（编撰人：漆海霞；审核人：闫国琦）

109. 如何正确使用增氧机?

（1）晴天中午开动增氧机1～2h，利用增氧机搅拌水体的功能，增加池水溶氧，并加快池塘水体物质交换，改良水质，减少浮头发生。同时要注意晴天不能傍晚开机，否则上下水层提前对流，增大水层耗氧范围和耗氧量，致使鱼类浮头现象加重。

（2）阴雨天，由于光照不足，光合作用弱，池水溶氧不足，易引起鱼类浮头。此时必须充分发挥增氧机的机械增氧作用，在夜里提前开机增氧，改善池水溶氧情况，达到防止和解救鱼类浮头的目的。同时阴雨天中午不应开机，否则除了无法增强下层水的溶氧外，池塘溶氧的消耗也变大了，极易引起鱼类浮头。

（3）夏秋季节，白天水温高，生物活动量大，耗氧多，黎明时一般可适当开机，增加溶氧。如有浮头预兆时，开机救急，不能停机，直至日出后，在水面无鱼时才能停机。

（4）当大量施肥后，水质富肥后，要结合晴天中午开机和清晨开机两种方法，改善池水溶氧条件，预防浮头。增氧机的使用，除受天气、水温、水质等因素影响外，还应结合养鱼具体情况，根据池水溶氧变化规律，灵活掌握开机手法和开机时机，以达到合理使用、增效增产的目的。

总而言之，增氧机的使用原则：晴天中午开，阴天清晨开，连绵阴雨半夜开，傍晚不开，阴天白天不开，浮头早开；大气炎热开机时间长，天气凉爽减少开机时间，半夜增加开机时间，中午开机时间短，负荷面积越多，开机时间越长，反之亦然，确保及时增氧。

增氧机

★百度图库，网址链接：https://image.baidu.com/search/detail

（编撰人：漆海霞；审核人：闫国琦）

110. 如何配备增氧机?

增氧机的选配原则是既要保证鱼类正常生长的氧气含量需要，防止缺氧导致鱼的死亡以及水质恶化致使饲料利用率降低和阻碍鱼类生长，引发鱼病现象的发生，又要最大限度地降低经济成本。因此，选择增氧机应根据池塘的水深、不同的鱼池面积、养殖单产、增氧机效率和运行成本等指标进行综合实际分析。

据测定，每千克鱼每小时耗氧总量约为1.0g。其中：生命活动耗氧约为0.15g；食物消化及排泄物分解耗氧约为0.85g。以10亩面积的精养鱼池为例，增氧机的配备如下表所示。

10亩鱼池不同养殖单产增氧机配备表

养殖单产（kg/667m^2）	400	500	600	700	800	900	1 000
耗氧总量（kg/h）	4.0	5.0	6.0	7.0	8.0	9.0	10.0
1.5kW叶轮增氧机（台）	1～2	2	2～3	3	3	3～4	4
3.0kW叶轮增氧机（台）	1	1	1	1～2	1～2	2	2
2.2kW喷水增氧机（台）	2	2	2～3	3	3～4	4	4～5
1.5kW水车增氧机（台）	2	2	3	3	4	4	4～5

（编撰人：漆海霞；审核人：闫国琦）

111. 使用增氧机有哪些注意事项？

科学养鱼的今天，许多养鱼户使用池塘增氧机具有盲目性，导致增氧机效果不明显。合理使用增氧机可有效增加池水中的溶氧量，加速池塘水体物质交换，消去水体中的有害物质，为浮游生物繁殖带来便利。同时鱼类浮头现象得以减缓，防止泛池化，提高池塘水体质量，增加鱼类摄食量得到增产效益。所以在这里说明一下正确使用增氧机需注意的事项。

（1）如何确定类型。装载负荷一般由水深、面积和池形三者共同决定。长方形池以水车式最佳，正方形或圆形池以叶轮式为好；叶轮式增氧机每千瓦动力基本能满足3.8亩成鱼池塘的增氧需求，大于4.5亩的鱼池可考虑装配两台以上的增氧机。

（2）安装位置。增氧机应安装于池塘中央或偏上风的位置。距离池沿5m以上为好，采用插杆或抛锚的方式进行固定。安装叶轮式增氧机时，应保证工作过程中产生的水流不会将池底淤积物搅翻。另外，安装时要注意安全用电，做好安全保护措施，并定期检查相应设备。

（3）开机和运行时间。增氧机只有在确保安全下才可运行，结合池塘中鱼的放养密度、生长季节、池塘的水质条件、天气变化情况和增氧机的工作原理、主要作用、增氧性能、增氧机负荷等因素来合理安排运行时段，做到起作用而不浪费。正确掌握开机的时间，需做到“六开三不开”。其中“六开”为：晴天时午后开机、阴天时次日清晨开机、阴雨连绵时半夜开机、下暴雨时上半夜开机、温差大时及时开机、特殊情况下随时开机。“三不开”：早上日出后不开机、傍晚不开机、阴雨天白天不开机。

（4）定期检修。为了安全作业，必须定期对增氧机进行检测。对于增氧机的部件，电动机、减速箱、叶轮、浮子都必须检查，发现水淋浸蚀的接线盒后，应及时替换，同时检修后的各部件安置在通风、干燥的地方，需要时再装成整机使用。

水车式增氧机

★百度图库，网址链接：https://image.baidu.com/search/detail

（编撰人：漆海霞；审核人：闫国琦）

112. 增氧机如何进行保养？

（1）增氧机平时保养措施。

①注意叶轮上的缠绕物或附着物，在积累过多前应及时清除。每年要检查一下浮体，以免因磨损降低浮力，导致负荷增大而烧坏电机。

②增氧机工作时若发生“嗡嗡”声，应检查线路，看有无缺相运行的发生；如有应切断电源，接好保险丝后再重启运行。

③在平时日常使用中，应注意节能措施，减少增氧机不必要的工作量，努力做到高效、低耗的良性节能习惯。

（2）增氧机的冬季保养。

①把整机移出水面，逐个拆卸浮筒支杆、减速箱、叶轮轴、电机等，用网丝刷把浮筒、支杆、叶轮等机件上附着的泥沙与锈斑等擦干净。如叶轮片发生变形，要矫正成原状并涂上防锈漆，才能再次使用。

②电机要用兆欧表检查绝缘情况，并检查接线柱等是否安全牢固，电缆电线是否有损。

③减速箱要确定齿轮、齿轴等器件的磨损情况，及时整修更换；检查油封、轴承是否完好，如有破损，应予更换。拆卸后要加注机油。

④叶轮要清除附着物与锈斑，对变形叶片予以整修、除锈，并涂刷防锈漆。

⑤支杆与紧固件要除锈涂漆（油），螺纹也要整修完好。

⑥对浮筒进行全面检查，如有破损，要及时焊补涂漆。

⑦各零部件经整修后要放置在通风干燥的地方，以防锈蚀。

增氧机

★百度图库，网址链接：https://image.baidu.com/search/detail

（编撰人：漆海霞；审核人：闫国琦）

113. 增氧机如何安装？

（1）确定增氧机的位置。这里指的是叶轮式增氧机、水车式增氧机、喷水式增氧机，增氧机的位置应该在池塘的中央或偏上风处，距离池塘边沿不可少于5m，并用插杆或抛锚固定。

（2）安装时要严格遵守安全用电守则，并严格按照设备使用说明书操作规程正确安装。

（3）增氧机安装注意事项。①安装增氧机时一定要切断电源，电缆线在池中不可承受张力，更不能用作绳子。电缆线应固定在机架上，不得垂入水中，其余部分按规定引到岸上电源处。②增氧机放到池中开动后扭力很大，应远离增氧机，不可靠近观察。③把增氧机的叶轮在水中的位置和“水线”对准。若无“水线”时，一般上端面要与水面平行，以防止产生过载而烧坏电机。叶轮叶片入水深度一般为4cm，过深会使电机负荷增大而烧坏电机。④加机油，在减速器里按规定加机油，增氧机安装好后，没有完成加油工序前不允许试机，不然会烧坏电机。⑤增氧机工作时若发出“嗡嗡”声，应检查线路，观察叶轮运转方向、运转水平是否正确，如有不对应切断电源，调好后再试。⑥保护罩是保护电机不受水淋湿的装置，必须正确安装。⑦由于增气机工作时条件恶劣，用户应配备热断电器、热敏电阻保护器及电子保护装置。现在增氧机一般出厂时都安装了保护器。⑧增氧机下水时，整体应保持水平或角度不大地移入池中，防止机油通过气孔泄漏。严禁电机与水接触，以免因水浸入烧坏电机。

增氧机

★百度图库，网址链接：https://image.baidu.com/search/detail

（编撰人：漆海霞；审核人：闫国琦）

114. 增氧机如何进行检修?

（1）检修时应把整机放置到干燥的平地上，逐个拆卸浮筒支杆、减速箱、电机等。

（2）采用兆欧表检查电机绝缘情况，确定接线柱安全牢固与否、电缆线是否有破损，减速箱逐个检查齿轮、轮轴等有无磨损情况，如有要及时整修和更换。

（3）检查油封、轴承是否完好，如有破损应及时更换，拆卸后要加注机油、黄油。

（4）叶轮上面要清除附着物及锈斑，叶片发生形变要整修和除锈，同时涂上防锈漆。

（5）检查浮筒是否有破损，若有应及时焊接涂漆。

（6）各零部件经检修后应放置在干燥的场所，避免受潮生锈，需要时即安装整机。

（7）电动机过热，若因电动机散热不佳，可改用防水性能较好的电动机机罩；由于动力配套造成超负荷运行后，则调小增氧机的入水深度。

（8）增氧机转动不稳定，多因轴承磨损所致，应更换轴承，并注意对轴承的润滑。

（9）增氧机振动、噪声大，主要是由于变速器齿轮润滑不好而发生磨损，应及时更换齿轮或润滑油。

（10）增氧机叶轮（片）变形，多因运行时间过长所致，应缩短开机时间。若变形不大，可校正后使用。

（11）增氧机传动轴漏油，多因传动轴油封老化所致，应更换油封。

水车式增氧机

★百度图库，网址链接：https://image.baidu.com/search/detail

（编撰人：漆海霞；审核人：闫国琦）

115. 特殊天气如何使用增氧机?

（1）“南撞北”天气。即白天起南风，气温很高，到晚上突然转北风，导致水体上下层对流加剧，水体含氧量下降迅速，这时要早开、多开增氧机。

（2）傍晚突降雷阵雨。即白天太阳光强、温度高，傍晚突然降雷阵雨，大量温度较低的雨水进入鱼池，使鱼池表层水温降低，比重加大。上层水下降，下层水因温度高比重小而上浮，最终形成上下水对流循环。上层溶氧较高的水下到下层，使下层水溶氧量暂时升高，但还原物质消耗迅速，氧气含量迅速下降。另一方面，上层水溶氧量也得不到补充，结果整个鱼池的含氧量迅速降低，缺氧的情况导致池鱼浮头现象的发生。此时要及时开动增氧机。

（3）连绵阴雨天气。即夏季若遇连绵阴雨天气，光照不足，导致浮游植物光合作用弱，水中产氧不足。同时池中各种生物的呼吸作用和有机物的分解作用消耗了大量的池中氧气，造成水中溶解氧供应不对等，容易引起池鱼浮头，遇到这类天气要及早开动增氧机，开机时间也要长。

（4）阴雨天突转水。即阴雨天气水清见底，水蚤将水中的浮游植物吃光。缺乏进行光合作用生产氧气的来源，造成池中缺氧，这种情况下也要及早开动增氧机，并增加增氧机的运转时间。

（5）“氧债”大时。即久晴未雨，池塘水温高，由于大量投喂饲料而造成水质过肥。透明度降低，水中有机物多，上下水层氧气分布不均，下层水“氧债”大，如长期不注入新水会造成水质过肥或败坏而容易引起缺氧，也要多开增氧机。

（6）投喂饵料前1～2h应开动增氧机。增氧机搅动池水，使水体形成循环流动，一方面增加鱼的食量，另外可以起到池鱼吃食的条件反射。

（7）秋雾笼罩的天气。即光合作用差，池水溶氧很低，积累的氧债很大。需要开动增氧机，确保池中养殖鱼类的安全。

（8）若池水变坏，必须及时开动增氧机，不要再停机，同时配合使用增氧剂。

（编撰人：漆海霞；审核人：闫国琦）

116. 增氧机如何节能？

（1）根据生产经验，按下面3个时间段开机可将开机时间从每天的6～10h缩短到3～5h，节约用电60%左右，而且能保证鱼类正常生长的耗氧。

①黎明前开机。由于气压较正常偏低，开机1～2h即可使池中溶氧量恢复到4mg/L以上。

②8:00—10:30开机。该时段是全天光照最佳时间，光合作用效果最好。开机1～2h后除了能向水中补充氧气外，还能促进池水交换，并利用浮游植物的光合作用增加池水的溶氧量。

③15:00—17:00开机。此时气温升高，水温也由此上升。池水溶氧量随水温的增高而减少，而鱼类体内的新陈代谢旺盛，耗氧量随之增加。此时开机1～2h，除了直接补充鱼类及温度带来的氧气损耗外，最主要是可储存大量的氧气，满足夜间鱼类的呼吸需求。

（2）高温期鱼类生长季节，可在池塘中安装溶氧测控仪。设置好池塘鱼类所需溶氧的上下限后，通过溶氧测控仪自动开启增氧机，达到增氧目的，并避免不必要的人力以及电力浪费。同时溶氧测控仪的使用可有效改善池塘水质，减少池塘水变的概率。

水车式增氧机

★百度图库，网址链接：https://image.baidu.com/search/detail

除了采取上述措施外，还要根据地区地点、季节、气候灵活选择增氧机。这样在达到节约资源的同时也增加养殖效益。

（编撰人：漆海霞；审核人：闫国琦）

117. 水车式增氧机的原理是什么?

水车式增氧机主要由电动机、减速箱、机架、浮筒、叶轮5部分组成。

水车式增氧机以电动机为动力源，带动叶轮旋转，同时可通过减速器达到减速功能。工作时，可将叶轮上叶片部分或全部浸没于水中。旋转过程中，叶片刚入水时，桨叶通过击打水面激起水花，一方面将空气压入水中后，另一方面又产生强劲的作用力，把表层的水向池底压进，同时将水推向后流动。当桨叶与水面垂直时，则产生一个与水面平行的作用力，形成一股定向的水流。当桨叶即将离开水面时，叶背形成负压，将下层水抽离到表层。当桨叶离开水面时，它把存在叶弯的水和叶片上的水往上扬，表层水在离心力的作用下被甩向空中，从而激起强烈的水花和水露，将大量空气进一步溶解。叶轮转动形成的气流，也辅助空气加速溶解。

水车式增氧机

★百度图库，网址链接：https://image.baidu.com/search/detail

（编撰人：漆海霞；审核人：闫国琦）

118. 水车式增氧机的特点是什么?

水车式增氧机分为单车式和复车式两种，单车式增氧机是电机通过传动系统（减速器）带动单片车叶旋转。叶片拍击水面，使水翻动，通过车叶的机械击水效果实现搅水作用。双车式增氧机是多车叶（三车叶）同时同速转动，效率低于单车式。车轮直径是300～800mm，电机功率0.5kW，车叶转速90～130r/min，动力效率0.9～1.32kg/（kW・h）。水车式增氧机的特点：结构比较简单、设备成本低，浅水池塘增氧效果好。但是由于搅拌水体范围较小，只能形成直线方向的水流，一般用于养鳗、对虾等对于水体深度要求不高的池塘。

水车式增氧机是应用在高位池最广泛的一种增氧机，尤其是以四叶轮最为常用，工作原理是利用电动机带动直立的叶轮，带动表层水的翻转，从而产生水流，溅起浪花，增大了水与空气的接触面，达到增氧目的；另外池水朝一定方向流动，能使池水形成环流，将污物、病死虾等集中于虾池中央利于收集排污，在不引起池底污物泛起的同时，能通过中央病死虾数量情况判断池塘中虾的健康状况。

（编撰人：漆海霞；审核人：闫国琦）

119. 水车式增氧机的优缺点有哪些?

（1）水车式增氧机的优点。①使用水车增氧机，使水域保持流动，促进水体在水平与垂直方向溶氧均匀。特别适用于养鳗池，它可造成方向性水流，便于鳗鱼喂食工作的进行。②由于它的叶轮转速不高，对底层的向上提升力不大，因此不会“拱池底”，在水深1m左右的浅池子增氧效果明显。③整机重量轻，较大水面情况下可增设增氧机台数，更为方便的调节水流。④结构较为简单，造价低，浅水池塘增氧效果好。⑤水车式增氧机在中上层有着较强的推流能力和一定的混合能力，使得气液接触面积增大，增氧效率提高。

（2）水车式增氧机的缺点。①对底层水提升力不够大，不适用于水体较深的池塘。②在鱼发生浮头时，不具备急救功能。

水车式增氧机

★百度图库，网址链接：https://image.baidu.com/search/detail

（编撰人：漆海霞；审核人：闫国琦）

120. 叶轮式增氧机的结构是什么?

叶轮式增氧机主要由电动机、减速箱、水面叶轮及浮球构建而成，发展至今已产生了一个机器系列，包括7.5kW、5.5kW、3.0kW、1.5kW、1.1kW、0.75kW等型号。3.0kW、1.5kW这两种叶轮式增氧机使用最广。

叶轮式增氧机通过机械方式增氧。工作原理为电动机带动水面叶轮旋转搅动水面、搅拌气膜和液膜，使气、液拥有更大的接触面积，增大水中氧气的浓度梯度，致使氧气以更快的速度从空气向水中转移扩散。

该机具的增氧效果十分出色，通过采用叶轮式增氧机，可在水体中形成圆心为增氧机的半径约为10m的富氧圈。在池塘的测试发现，叶轮式增氧机运转80min左右，可使水深1.5m处的水体溶解氧含量及水温与上层水体保持一致。

叶轮式增氧机

★百度图库，网址链接：https://image.baidu.com/search/detail

（编撰人：漆海霞；审核人：闫国琦）

121. 叶轮式增氧机的主要功能是什么？

（1）增氧。叶轮式增氧机的动力大、效率高，每千瓦时峰值增氧量可达1 800g以上。池塘在富氧条件下，可防止养殖水产细菌性、病毒性疾病的发生，实现增产增收的目的。

（2）提水、搅拌。叶轮式增氧机可带动底层水上翻，使其与表层水交替接触，从而实现低层水增氧的效果，其增氧效果可达水下2m处，适用于高产深水鱼池。

（3）曝除有害气体。叶轮式增氧机有强烈的曝气功能，池水中的有害气体如氨、硫化氢、甲烷、一氧化碳等均能有效曝除。

（4）增效养殖水体，提升水体品质。具体表现有：迅速解除鱼、虾缺氧浮头，打破池水分层，提高池塘初级生产力，提高养殖密度，提高产量，降低饲料系数，抑制蓝藻“水华”现象，净化水体，降低CODcr和BOD5的浓度，水底去氮固磷，冬季破冰等。

叶轮式增氧机通过提高了池水含氧量，从而显著改善水体环境，达到池塘养鱼污水原位治理的目的，使养殖水体可多次利用，减少由此带来的养殖污染水体的排放量。

（编撰人：漆海霞；审核人：闫国琦）

122. 叶轮式增氧机的工作原理是什么？

叶轮式增氧机是目前淡水养殖广泛使用的增氧机，其工作原理是：一方面当叶轮旋转时，轮叶与搅水管共同作用产生离心力，进一步带来搅水作用，利用搅水管的小孔没入水中产生气泡，从而使得水体氧气含量上升，另一方面，溅起的水花可以达到曝气效果，增大与空气的接触面积。但这种增氧机一般安装在池中央搅动，有"提水搅水的作用"，水流四散不定向，不适用于中央排污的高位池。叶轮式增氧机主要由电动机、减速器、托体、撑架、叶轮、浮筒等组成。叶轮式增氧机有3个方面的作用，即增氧、搅水、曝气。主要原理是水跃、液面更新、负压进气等联合作用。叶轮式增氧机主要作用于表层水体，水跃高、搅拌范围大，叶轮深度为200mm，叶轮直径为150～1 200mm、水跃直径3～9m，叶轮转速在50～150r/min，动力效率1.14～1.85kg/（kW・h），功率0.75～7.5kW。

叶轮式增氧机具备以下特点：结构复杂、制造难度高、占地面积大、机器沉重、设备成本高等。可以较大范围地搅动水体，曝气作用明显。可形成中上层旋流，使得中上层水体溶氧均匀。但作用在面积较大的池塘时，对底层水体的增氧较差。因此一般用于池塘养殖和作为池塘养鱼急救设备。

图叶轮式增氧机

★百度图库，网址链接：https://image.baidu.com/search/detail

（编撰人：漆海霞；审核人：闫国琦）

123. 叶轮式增氧机使用时的注意事项有哪些？

叶轮式增氧机具有应急增氧的功能，是机械增氧设备中增氧最快的机型之一，具体功能为令水体的溶解氧快速增加，并形成富氧区。富氧区的出现也是有效防止鱼类浮头的原因之一。在不同季节，合理使用增氧机应掌握如下原则。

（1）夏季高温季节。

①晴天午后开机（11:00—16:00）。养殖水体增氧主要依赖光合作用。午后是一天中光照最充足的时段，也是水中浮游植物的光合作用最活跃的时段。水下光合作用深度与水体透明深度有关，最多可到两倍透明深度处，因此当鱼塘表面水体溶氧量达到超饱和时，中、底层的水体由于缺乏光合作用，仍处于缺氧状态。叶轮式增氧机正是通过搅拌和曝气，把上层的超饱和溶氧水体带到中底层，把中底层欠氧水体带到上层进行光合作用，同时沉积的有害气体如氨、硫化氢、甲烷、一氧化碳等也由此带出水面，使鱼塘水体整体溶氧量提高，并降低水体中的有害物质。

②凌晨开机（23:00—5:00）。凌晨时池塘中水体的溶氧量是一天中最低的时段，特别是高密度养殖的鱼塘，由于耗氧过度致使溶氧量低于2mg/L，鱼的浮头往往发生在这个时段；凌晨开启增氧机，可形成以增氧机为中心的相对富氧区，以防止浮头和翻塘事故的发生。

（2）阴雨天时。由于鱼塘中光照不足，水体自身产生氧气量过少，此时只能依靠增氧机的增氧来维持鱼塘水体的溶氧量，故开机时间适当延长，分为6:00—9:00、16:00—20:00、00:00—5:00等几个时间段开机，根据水体温度掌握开机时间，水体温度高也相应加长开机时间。

（3）梅雨季节。梅雨时节最容易出现浮头和翻塘，由于气压低，空气中的氧难以溶解到水体中，此时增氧机的增氧效率也最低，需要全天保持开机状态，防止水体缺氧而发生翻塘。

（编撰人：漆海霞；审核人：闫国琦）

124. 叶轮式增氧机如何合理使用?

（1）一般在亩产量大的水域中，增氧机就成为必备的养殖机械。它不仅能“救急”，解决浮头甚至翻塘问题，而且还能增强水质理化因素，促进浮游生物的生长繁殖。增氧机每千瓦可负担5～6亩鱼池，鱼重2～2.5t。合理增氧后，单位亩产值有所提升，饲料系数可降低。高产鱼塘一般在晴天中午开机，把高氧水储藏在底层，以备夜晚使用。而“救急”时，根据夜间发生的浮头，应视当天气候、水体质量的不同而选择提前开机时间，待鱼浮头现象结束后才能关机。

（2）高密度养鱼池因水体氧气无法自给自足，需要长期补充氧气，因此基本上采取连续增氧的办法，为降低电耗，常在增氧机上安装定时开关，间歇增氧。

（3）使用前，减速箱内应是已注入润滑油，没有则用机油代替，油面应保持在齿高处，待休息日必须加以补充。使用三相交流电，接线框要加弹簧垫圈，接线要牢固要接好地线，接线盒进出线要加橡皮圈，严防进水。严禁用力拖拉电线。需下水作业时，应先停机。增氧机一般安置在鱼池中央，亦可按需要移位。机器应用绳索系牢固定，否则会发生回转缠绕电缆线的漏电停机事故。移动时应关机。

（4）在土池泥底水体中使用时，水深应超过1m，以防因叶轮提水作用泛起池底污泥恶化水质。在水泥池中使用水深不限。

（5）增氧机浮力有限，严禁人员攀登上机。

（6）增氧机工作时，叶轮端面应与水面齐平，但功率许可范围内，也可以适当改变高度，以满足实际需要。

（7）在0℃以下工作时，应清除机上结冰。

（8）注意定期清除叶轮上附着生物，使叶轮保持最佳工作条件。

（编撰人：漆海霞；审核人：闫国琦）

125. 叶轮式增氧机的优缺点是什么？

（1）叶轮式增氧机的优点。①增氧机除了基础的增氧功能外，还有搅水、曝气的功能，促进浮游植物的生长繁殖，提高池塘初级生产力的能力。②机械构造较为简单，在使用过程中很少发生机械故障，维护较为方便，减少了维修成本。③在使用过程中，可形成中上层水流，使中上层水体溶氧均匀，适用于池塘养殖和池塘急救设备。

（2）叶轮式增氧机的缺点。①只有在通电顺畅的地区才有条件安装，在偏远缺电的山区，架设电线，成本费用较高。②增氧机一般都必须固定在池塘的一个点上，变换位置较为麻烦，且增氧区域只限于一定范围内，对于大面积池塘时来说，底层水体无法形成有效增氧。③增氧机的浮筒常年暴露在空气中，经过日光的暴晒，容易被腐蚀损坏，需要经常更换。④属于单点增氧，且机械运行噪声较大，对水产生物的生活作息有一定影响。⑤叶轮增氧机容易将鱼塘的底泥抽吸上来，不适宜在水位较浅的池塘使用。

（编撰人：漆海霞；审核人：闫国琦）

126. 叶轮式增氧机如何进行维护保养？

增氧机经过一段时间的使用，其电机、减速箱、叶轮、浮筒及线路等部位，容易受损而发生故障，必须进行检查维修保养。

（1）电动机。电动机经过长期使用，无法避免受潮或水体浊物碰撞的发生，检查主要通过手旋电动机转子，有摩擦声、碰撞声则证明机体已经受损。

（2）轴承。检查轴承是否损坏，注意轴承润滑状况，如未损坏，应拆洗上油；若损坏，则进行更换。

（3）炭刷。检查炭刷磨损情况，整流子表面的锈迹，槽内的淤积物必须清除，并对定子和转子低温烘烤，驱除潮气。

（4）减速器。检查减速器的轴、齿轮等部件磨损情况，油封是否破裂，如发现有破损等情况，则进行相应的修复和更换。

（5）密封垫。检查密封垫是否损坏，若密封垫损坏使结合处漏油，要更换新密封垫。

（6）传动轴和叶片。检查传动轴及叶片是否变形，若变形较小，自行校正可继续使用，若变形较大，应更换新的传动轴及叶片。

（7）油封。检查油封是否老化，如已老化可更换质量好的油封。

（8）叶轮。检查叶轮是否变形，如已变形应整修复原，然后涂上防锈油漆。

（9）浮筒。检查浮筒的焊接锈蚀漏水的情况是否存在，若锈蚀漏水，应进行焊补。

（10）线路。检查线路有无缺相运行的情况，若存在则立即切断电源，接好保险丝后重新开机。检查接线盒，若受潮侵袭，应马上更换，并做好接线盒的防水保护工作。

（编撰人：漆海霞；审核人：闫国琦）

127. 射流式增氧机的增氧原理是什么？

射流式增氧机启动后，位于水下的潜水泵开始运转，通过吸入养殖池底层水体中溶氧量较低的池水，经圆管、锥形喷嘴高速射入水、气混合喷射管中，并形成高速喷射水流，流速达2.6m/s，流量达20m^3/h，因而对喷嘴后端（锥形收缩管、球形空气腔和进气管）的空气产生吸引力，空气沿着伸出水面的进气管经球形空气腔、锥形收缩管，并由此吸入水、气混合喷射管内。被吸入的空气与喷射的水体经过剧烈碰撞、高速混合等物理过程后，形成无数个微小空气泡的“水—空气”混合物，空气中的氧气也由此转移扩散到养殖池内。同时，由于射流产生的轴向推力把“水—空气”混合物从喷射管中喷出，无数个微小空气泡在轴向推力和浮力的作用下，向周围扩散出去，未溶解的氧气继续与前方和上方水体混合、溶解。而位于后方的贫氧水不断被吸进机内与富氧水进行交换，整个过程持续循环下去，池水的增氧和混合运动不断发生，达到整个养殖池不断增氧的目的。

射流式增氧机

★百度图库，网址链接：https://image.baidu.com/search/detail

（编撰人：漆海霞；审核人：闫国琦）

128. 射流式增氧机各个部位的作用是什么？

射流增氧系统是射流自吸式增氧机的核心部分，它通过吸收气体、增加溶氧量、池水混合与搅动的功能，对吸气量、增氧能力和池水循环流动起着关键作用。

潜水泵：在水下运转，作为增氧机的动力来源，致使吸气增氧装置能够喷射高速水流。对于较大的养殖池，每台增氧机的潜水泵产生的喷射水流在整个养殖池内沿着设定的方向循环流动，把原来静止不动的所谓“养殖死水”变成流动的“养殖活水”。

吸气增氧装置：它吸入空气，使空气直接与养殖池缺氧的底层水体进行气体混合，空气中的氧气溶解于养殖水体中，实现吸气、增氧的功能。此外，由于运行位置在养殖池池底并与之平行，吸入的空气可直接作用于养殖池下层水体和池底淤积物，达到提高增氧效率，使沉积物氧化分解速度大大提升。这正是高密度深水养殖的实际需求，诸如潜伏于池底的养殖品种（如对虾）正在此列。

（编撰人：漆海霞；审核人：闫国琦）

129. 射流式增氧机中定位装置有什么作用?

定位装置是用于射流自吸式增氧机的，其作用是控制射流吸气增氧系统在池中的位置、深度和方向的。通过定位装置既可操控水、空气混合喷射管向上、下、左和右4个方向进行定点喷射，也可以控制它在水体中、下层运转，同时跟随池水的涨退而升降，以满足不同的使用需要。浮筒连着射流吸气增氧系统浮于水面，通过进气管和控制杆把装置悬浮于养殖池底层水体中。可随着池水的高度变化而跟随升降。固定桩用于控制射流吸气增氧系统在水体中的地点以及方向，以便池水在均匀增氧的同时，使喷射水流沿设定路线移动，有利于整个养殖池形成环流，加速池水混合并均匀增氧。此外，也可把射流吸气增氧系统固定在设定水深处，使它位置不随外部环境而变化。

射流式增氧机

★百度图库，网址链接：https://image.baidu.com/search/detail

（编撰人：漆海霞；审核人：闫国琦）

130. 射流式增氧机的功能有哪些?

（1）具备一定的下层缺氧水体增氧功能。射流式增氧机增氧方式为物理增氧方式，通过增加空气与养殖水体的接触面积以达到增氧目的。根据双膜理论，由于存在氧的浓度梯度，产生氧的转移和扩散。从清水增氧试验结果来看，叶轮式和水车式增氧机在试验水池表现出较强的增氧能力，但在池塘养殖应用中，射流式增氧机相比前两者在下层水体环境中的溶氧值有着明显的改善功能，使1.5m水深处溶氧值提升达31%。

（2）具备良好的水体搅拌能力。在池塘实际应用试验时，用泥浆水法测池塘水流程度时，可看出水体有定向循环流动的现象。运行80min后，可看出上下水层温度和溶氧值趋于一致，上层和下层水体得到了充分的交换，消除了水体中氧气含量与温度垂直分布的不均匀性。

射流式增氧机

★百度图库，网址链接：https://image.baidu.com/search/detail

（编撰人：漆海霞；审核人：闫国琦）

131. 喷水式增氧机是什么？

喷水式增氧机的泵叶由潜水电机驱动旋转，没有设置减速功能。一般是环形浮筒，水泵和电机置于中心，也同时具备抽水，增氧作用的两用机。但是由于增氧机是由潜水泵改造而成，无法抽取下层水体、喷射扬程很高、能耗比大、增氧不明显，动力效率只有0.65kg/（kW·h）。导致了潜水电机经济效益低。喷水式增氧机的优点是：结构简便且质轻，喷水扬程高，不存在搅水作用，也无法生成水流。一般用于公园、游览区观赏鱼类的养殖。

喷水式增氧机

★百度图库，网址链接：https://image.baidu.com/search/detail

（编撰人：漆海霞；审核人：闫国琦）

132. 微孔曝气式增氧机的原理是什么？

微孔曝气增氧技术是一种新型的增氧技术，是不同于传统的水车式、叶轮式、喷泉式增氧技术之后最前沿的增氧技术之一，已被应用于多个不同领域，包括水产养殖、污水处理、景观水治理等。微孔曝气增氧装置具有安装便携性、安全性和可靠性等特点，对于未能电力到户的养殖场，可使用柴油机作为动力来源。微孔曝气增氧技术是一种综合了先进示范运行和测试数据的新型养殖技术。

以罗茨鼓风机作为动力源，将空气压入输气管道，送入微孔管，通过微孔管的小孔形成细小气泡分散到水中，微气泡在水体上升过程中提升了溶入水体的速度，还可造成水流的旋转和上下流动的效果，使池塘上层富含氧气的水体与底层含氧量低的水体实现循环交换，使得池水均匀增氧。

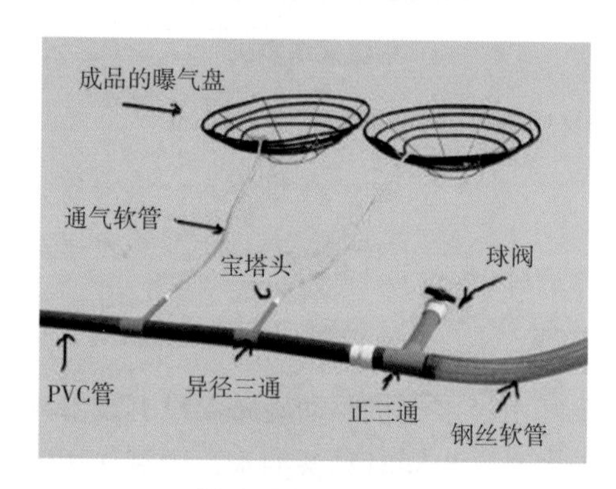

微孔曝气式增氧机

★百度图库，网址链接：https://image.baidu.com/search/detail

（编撰人：漆海霞；审核人：闫国琦）

133. 微孔曝气式增氧机如何进行结构安装？

微孔纳米增氧设施主要由主机（电动机）、罗茨鼓风机（转速1 400r/min）、储气缓冲装置（PVC塑料管）、支管（PVC塑料或橡胶软管）、曝气管（微孔纳米曝气管）等组成。

主机（选用与罗茨鼓风机匹配功率的电动机）通过皮带为传动媒体带动罗茨鼓风机，罗茨鼓风机与储气缓冲装置入口连接，出口依次连接主管、支管、曝气管。具体安装方式现介绍两种。

（1）盘式安装法。将曝气管固定在4～6mm直径钢筋弯成的盘框上，每亩装3～4只总长度为15～20m的曝气盘，盘框需固定在离池底10～15cm地方。每亩配备鼓风机功率0.1～0.15kW。

（2）条式安装法。曝气管管间相隔10m以及总长度在60m左右，高低落差不宜大于10cm，固定在离池底10～15cm地方。每亩配备鼓风机功率0.1kW。

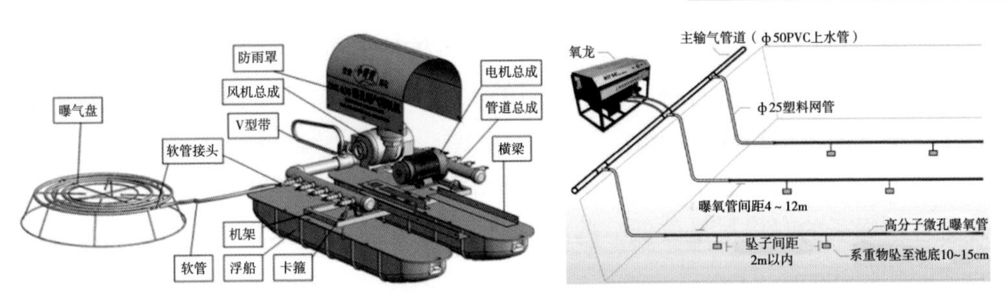

微孔曝气式增氧机

★百度图库，网址链接：https://image.baidu.com/search/detail

（编撰人：漆海霞；审核人：闫国琦）

134. 微孔曝气式增氧系统安装前的准备工作有哪些？

（1）根据实际使用环境的塘口长度计算出所需的微孔管数量，再根据塘口的宽度调节微孔管使用合适的长度，根据实际使用环境计算的参数将微孔管进行分割并将尾端用堵头封闭起来。注意：微孔管以300m为一捆，在分割时，从微孔管内圈向外圈拉出预防微孔管出现交叉打结的情况。

（2）根据实际情况使用的管道数分出接头，接头由一个大三通、一个小三通、一根PVC管、两个宝塔头组成。以“工”字形将大小三通和一根PVC管组合起来，其中大三通与PVC主管相连，小三通的两端则与宝塔头连接，用于连接软管。

（3）将PVC总管一字排开放在塘埂上。

微孔曝气式增氧机

★百度图库，网址链接：https://image.baidu.com/search/detail

（编撰人：漆海霞；审核人：闫国琦）

135. 微孔曝气式增氧机中曝气管如何安装？

（1）在岸上将两段竹竿用绳连接，绳的长度比预先分好的微孔管稍短。

（2）以竹竿为标准，2名工人在接头处将桩打牢在池塘的两端，再以绳子为基准把中间的桩打牢。打桩时，用较粗的木桩打在两端，中间可以使用比较细的竹竿。桩的间距保持在3～4m。

（3）在两根桩之间用绳子绑牢，预留出一小段用于绑微孔管。靠近主管的地方在绑绳子的时候尽量放低，远离主管的地方绑绳子时尽量抬高，最高与最低点之间相距20cm左右。

（4）曝气管固定在绳子上时不能绑得太紧，微孔管则要绑成一条直线并且不能漂浮在水里，否则会影响微孔管的增氧效果。

（5）以同样的方法安装其余的曝气管。注意：在塘口设置的所有微孔管的高度要保持在同一平面上，由于各个塘口底层情况互异，底部难以做到完全平整，所以固定微孔管时不能以塘口底部作为基准，否则难以保证固定的微孔管在同一平面上，因此可以选择塘内蓄水，以水位作为同一平面的标准来固定微孔管，保持最低处水位为30cm，然后以水平面为基准，将微孔管进气口尽量抬高固定在距离水面20cm的地方，将远离主管的地方绑在距离水面上下即可。

（6）PVC主管上的接头与曝气管通过软管进行连接。接头上的两个宝塔头，一个宝塔头用软管和ABS直通与曝气管直接对接，另一宝塔头需在远离主管的地方将微孔管剪断用ABS三通连接后用软管对接。

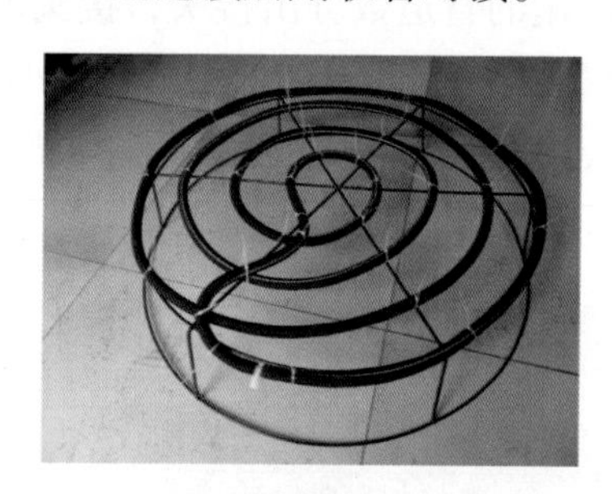

曝气管

★百度图库，网址链接：https://image.baidu.com/search/detail

（编撰人：漆海霞；审核人：闫国琦）

136. 曝气管如何固定？

曝气管一般是以PP聚乙烯为制作材料，把进口的膜片钳勾在支撑管上并且用不锈钢卡箍将膜片钳两端锁紧固定。中止曝气时那些处于膜片外表的气孔会主动封闭，因为供气主管与导气槽内部有可张孔的硅橡胶膜进行微孔曝气，通过这个方法来防止污水倒流，也保证了曝气膜片的正常工作。由于这种特种型膜片具有抗撕裂、耐老化、耐高温的特点，因此空气通过特种膜片后再进入管道可以延长装置的运用寿命。曝气装置按其应用工艺不同，导致膜盘式微孔曝气器两种片需要经常替换，因此会给用户带来某些不必要的麻烦。

曝气管

★百度图库，网址链接：https://image.baidu.com/search/detail

（编撰人：漆海霞；审核人：闫国琦）

137. 曝气管如何布置选型?

曝气管根据实际使用情况，每亩水面微孔管使用的长度需要考虑多方面因素，如水体溶氧量对养殖对象的影响、水体溶氧收支状况，以及还有在一定条件下单位长度的微孔管在单位时间内的曝气量和氧的溶解量的因素。据统计，1.5m以上深的精养塘每亩安装40 ~ 70m长的微孔管可达到较合适的效果。在水体溶氧低于4mg/L时，开机曝气1 ~ 2h能提高到5mg/L以上。微孔管布置间距通过塘形和每亩需要微孔管的长度来确定，单边布置长度则尽量不要超过25m。

曝气管

★百度图库，网址链接：https://image.baidu.com/search/detail

（编撰人：漆海霞；审核人：闫国琦）

138. 曝气管在污水处理中的应用有哪些？

曝气管的工作原理主要是使用鼓风机作为动力源，将空气灌入输气管内，通过管道将空气输送到池底的曝气装置生成气泡，在气泡上浮过程通过气液界面把氧气溶入水中。其型式主要包括膜片式微孔曝气器和旋混曝气器等。其中膜片式微孔曝气器又分管式微孔曝气器，主要用于停止供气，膜片恢复、收缩并继续贴紧支撑管，通常都是用于污水的再处理。各种工业废水及城市生活污水处理系统及生化曝气体系都会使用到曝气器膜片，然后空气进入分配支管，最后进入曝气管导气槽，在曝气膜与支撑管间形成环形气室将曝气膜鼓起，空气通过膜片上的可张微孔向水体曝气生成气泡。微孔也具有收缩关闭特性，阻止水体倒流进入气槽。曝气管再次通气鼓起后才投入使用，停止供气时曝气器微孔自行闭合。

（编撰人：漆海霞；审核人：闫国琦）

139. 微孔曝气式增氧机的优点和优势是什么？

（1）高效增氧。微孔曝气产生的气泡小，数量多，相比同体积的大型气泡接触面极大增加，细小气泡上浮速度慢，与水体接触时间长，溶氧率极高。

（2）增氧成本低。采用微孔增氧装置，氧的传质效率和水体溶氧率极高，其能耗为传统增氧装置的1/4，可大幅度降低动力源的成本。如配置功率为2.2kW微孔曝气增氧装置，可保证8～15亩精养池塘或者1 000～2 000m^{2}投饵网箱应急增氧所需。

（3）活化水体。微孔曝气管（盘）主要安装在池塘1～3m水深的池底部或者悬挂在3～4m水深的网箱底部。微孔曝气盘产生微小而缓慢上升的气泡流使得静止的水体产生流动，从而使得表层水体和底层水体不停发生交换达到均匀增氧效果。充足的溶氧可加速分解水体底层沉积的肥泥、散落和剩余的饵料以及鱼类排泄物等有机质，提高水体微生物富含量，恢复水体自我净化能力，建立起自然水体生态系统。

（4）实现生态养殖、保障养殖效益。微孔曝气形成气泡环流增加水体含氧量，水体自我净化能力提升，菌相、藻相形成生态平衡，构建起水体的生态系统，养殖种群的生存能力稳定提高，充分保障养殖效益。

（5）安全性、环保性能高。微孔曝气增氧装置安装在陆地或养殖渔排上，安全可靠且不会污染水体，相比其他微孔增氧装置不会有漏电危害到人和鱼虾的安全。

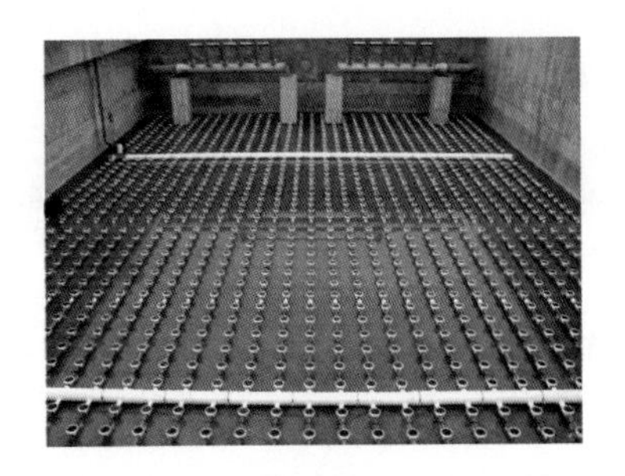

曝气管

★百度图库，网址链接：https://image.baidu.com/search/detail

（编撰人：漆海霞；审核人：闫国琦）

140. 涌浪式增氧机是什么？

涌浪式增氧机是目前水产养殖增氧设备中最新的机器，其设计最显著的特点是节省能耗。与传统的叶轮式和水车式的增氧原理有所不同，涌浪式增氧机采用独特的花朵状螺旋形叶轮配合环形浮筒，能使水体向上喷发，使水体形成沸腾状，在喷发过程中通过提高水体与空气的接触面达到提高水体的溶氧量的目的。同时水在向上喷发时与电机和减速机接触，使电机与减速机达到水冷降温的效果，解决了电机因长时间运转而出现的发热、电流增大、烧坏的通病，并且能在300～350W的超低功率下正常运转。

合理使用增氧机可提高水体含氧量，加速水体循环，促进浮游生物繁殖，提高水体质量，减轻鱼类浮头现象防止泛池，同时改善池塘水质条件，增加鱼类喂食量以及提高产量等都具有良好的促进作用。

涌浪式增氧机

★百度图库，网址链接：https://image.baidu.com/search/detail

（编撰人：漆海霞；审核人：闫国琦）

141. 涌浪式增氧机如何进行安装？

增氧机可以安装在水产养殖的池塘、溪、河、湖泊、浅海水域和大型网箱内。

（1）安装前。安装前根据实际现场要求确定增氧机的安装位置，准备好桩柱和绳子。

（2）桩柱要求。①根据养殖水面的深浅，选定有一定强度的桩柱。②将桩柱以三角形定位，桩与柱距离3～5m，打入土深0.8～1m。③桩柱必须要牢固，以手扳不动为宜。④桩柱范围内要将杂草和其他易缠绕的物品清除干净。

（3）绳子要求。①绳子采用直径6mm以上的尼龙绳或更好的绳子，以防日久绳子断掉损坏增氧机。②绳子的松紧度要合适，绳结要牢固，绳体不能太紧，离水体10~15cm为宜。

（4）线路要求。①1.5kW选用1.5mm^{2}以上的优质电缆线，0.75kW选用1.0mm^{2}以上的电缆线，一根线缆只能搭载一台机器，切忌通过串联方式为多台增氧机供电。②每台增氧机安装一个开关，每个开关严格独立控制一台增氧机。

（5）线路连接。①电机的引出线与电缆相接，套上热缩管或缠绕防水胶布扎带，做好防水措施防止漏电事故发生。②胶好的线头一定要固定在木桩上，接线部位离水面0.5～1m，接线处不得沉入水中，以防电线接头进水漏电引起触电。③电机与木桩处的电线不可过于拉紧，要留有松紧度，以防电机开机时旋转拉断线缆。

涌浪式增氧机

★百度图库，网址链接：https://image.baidu.com/search/detail

（编撰人：漆海霞；审核人：闫国琦）

142. 涌浪式增氧机的节能措施有哪些？

合适安排一天内增氧机的开机时间，可以实现高效、优质、低耗的生产效果，促进渔业发展。据统计一天内只需在3个时间段内开机可以从过去的6～10h减少到3～5h，节约用电60%左右，足以保证鱼类正常耗氧。

（1）黎明前开机。由于鱼类及各种动植物已经耗氧一夜此时气压较低，需要开机1～2h将水池中溶氧量迅速恢复到4mg/L以上。

（2）上午8:30—10:30。此时是全天光照最佳时间，开机1～2h，在向水中补充氧气同时，还能促进表层水体和底层水体交换，利用浮游植物光合作用增加溶氧量。

（3）下午15:00—17:00。此时气温较高池水溶氧量随水温增高而减少，而此时鱼类体内的新陈代谢旺盛耗氧量增加。开机1～2h除了向水中直接补足氧气满足需要外，另一个目的是储存大量氧气，保障夜间水体生物生存需要。

掌握正确的使用方法，除了采取上述选择最佳开机时间的措施外，还要根据实际生产需求及外部环境的差异灵活使用。如鱼类生产季节，晴天中午开机可起搅水、改良水质作用。若阴雨天夜间开机，可解决水体生物浮头的问题。

（编撰人：漆海霞；审核人：闫国琦）

143. 增氧机种类较多，养殖户应该如何选择搭配增氧机?

中国大陆气候有分热带、亚热带、温带、寒带；养殖品种也很多，南方沿海所建的池塘一般在5亩以下主要是用于养殖虾，其密度一般处于10万～35万尾/亩。池塘增氧一般分为水面表层增氧、中层增氧和底层增氧。

（1）表面增氧式水车式增氧机效能最高，国外采用36巢的电机，比国产24巢电机省30%的电能，2HP的水车水流长度可以达到32m、宽度可达2m、深度达1m。

（2）中层增氧一般以射流式增氧机为代表，这种增氧机可以通过调节电机的高速旋转依据实际使用的池塘的深度，达到调节不同的高度给水中的叶片达到增氧的效果。

（3）底部增氧一般采用鲁式风机压缩空气，迅速的将空气中的氧气通过管道和纳米管传输到池塘的底部。

（编撰人：漆海霞；审核人：闫国琦）

144. 实际应用中，如何配置增氧机?

增氧机的配置量受水源状况、养殖品种、养殖密度、总进排水耗能等因素影响。

（1）水源状况。水源蕴含量，水体质量皆有所差异；如水质良好减少配置，反之水质差时多配多换水。

（2）养殖品种。南美白对虾是耗氧型的品种，四大家鱼底层鱼所需氧气量少。

（3）养殖密度（亩产）。高密度则多装设增氧机，反之则少配置。

（4）总进排水耗能情况。若进排水能耗较少，增氧机可考虑少配；能耗较大，配置量应较大。

（5）经济分析。根据养殖的品种的市场价值以及消耗的电力所承当的当地电费，来增设或减少增氧机的配置方案。

增氧机

★百度图库，网址链接：https://image.baidu.com/search/detail

（编撰人：漆海霞；审核人：闫国琦）

145. 吸鱼泵有什么特点?

（1）吸鱼泵主要特点。①真空吸附性好。对于液、气、固混合体吸附力极强，而且通过性好，比吸鱼泵吸收管径直径小的海洋鱼类和贝类都可以吸附。②对于吸附的鱼类和贝类损伤小。吸鱼泵吸收的鱼类和贝类被吸附过程无需经过叶轮等会伤害水体生物的机械结构，且吸附管壁基本都是胶质，弯曲角度小，大幅度减少损伤。③甲板占用空间小。甲板以上只有一条管道，主机和泵机都位于主机舱，方便管理，减少甲板空间占用。④升级环境简易。可以在原有的液压系统和电器系统基础上选用单独的柴油机和电机驱动进行改动。⑤技术优势。运用不锈钢材质，效率高，故障率很低，而且坚固耐用。

（2）吸鱼泵使用说明。①在机舱内检查泵机柴油机的燃油、机油和冷却液液位高度，并且确认无误。②打开水泵前管滤器吸水口前端蝶形阀，使阀门位于开的位置上。③拧松位于水泵泵体上端的排气螺栓放气，当有水流出的时候将螺栓拧紧。④将柴油机连接水泵的离合器手柄位于分离位置。⑤启动柴油机预热3min后，将转速调到700～800r/min，将离合器手柄慢慢拉至合位置。⑥检查出料口出水时将吸鱼口放入所要吸的鱼水混合物中即可。检查吸鱼管路是否有漏气现象。

（编撰人：漆海霞；审核人：闫国琦）

146. 吸鱼泵有哪些优势?

（1）改变工作形式，从传统的人手工作转变成机器工作，减少因密闭船体导致鱼存储时间过长释放有毒气体导致工人中毒事故，极大提升了工人的生命安全保证。

（2）降低劳动强度，提高劳动效率。由于使用了吸鱼泵改变了传统的人工起鱼工作，实现了半自动化存储。卸鱼时大幅度减少人手需求，只需要6个人操作和辅助，就相当于原来人工出舱的24人的工作效益。

（3）降低生产成本，提高了经济效益。由于人工起鱼卸鱼会耽误大量的时间，从而降低鱼汛期间的捕鱼效率和总量。而采用吸鱼泵吸鱼，每小时可吸鱼70～120t，节省了卸鱼时间增加了出海次数；同时由原来两条同等船舶改为一船（带小船）作业，节省了人工费和油耗。

（4）保证鱼货质量。由于吸鱼泵的使用，缩短了起鱼和卸鱼的时间，减少在起鱼和卸鱼过程中受损和死亡的概率，鱼在最短的时间内进行储藏大幅度减低了损失，因此保证了鱼货的质量。

吸鱼泵

★百度图库，网址链接：https://image.baidu.com/search/detail

（5）机器质量可靠、维修方便、操作简单。机器设计合理，结构简单、易于操作和维护，采用液压传动，保证水泵的传动扭矩，满足《渔业船舶船用产品检验规程》的相关技术要求。

（6）寿命长。该机器采用耐腐蚀材料，抗拒海水的侵蚀力强，寿命长。

（7）适用范围广。可通过调整进口管路的长短和水平距离来安装到不同的船型上，以及应当根据不同海况调整适合状态。

（编撰人：漆海霞；审核人：闫国琦）

147. 吸鱼泵的种类有哪些?

（1）离心式吸鱼泵。离心式吸鱼泵通过泵内叶轮高速旋转形成的负压力将鱼水吸出是最早的吸鱼泵，其结构简单，从进口处吸入鱼水出口处排出鱼水，便于安装使用，工作效率高，但叶轮的高速旋转会损坏鱼体，使得受损率较高。

（2）真空吸鱼泵。真空吸鱼泵由真空泵、贮鱼槽、进出软管等组成，水环式真空泵作为产生负压的主要动力源，利用真空负压原理产生的负压力作用与鱼水混合物将鱼水吸上来，常被用来作为活鱼泵，自动化程度高，起捕量大，对鱼体无损伤。

（3）射流式吸鱼泵。射流式吸鱼泵在真空泵内形成负低压将水在喷嘴出口高压高速喷出，鱼水在受到外界大气压与泵内负压的压差作用下吸入混合室，吸入鱼水后等泵内压力差平衡后，鱼水不受负压力经导管将水排出。由于没有旋转叶片等运动部件，故对鱼体损伤小甚至无损伤，但效率较离心式吸鱼泵低。

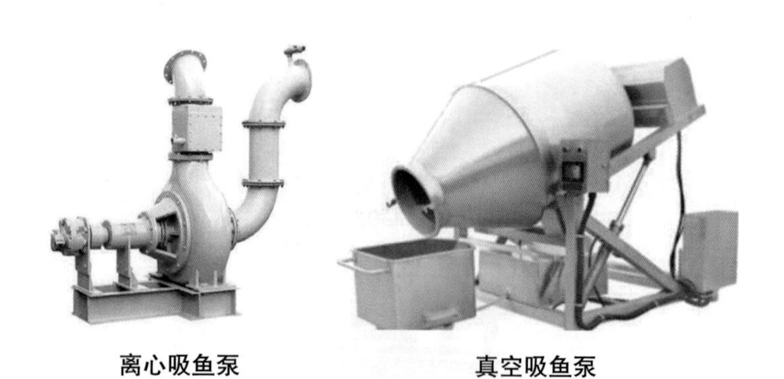

离心吸鱼泵　　真空吸鱼泵

★百度图库，网址链接：https://image.baidu.com/search/detail

（编撰人：漆海霞；审核人：闫国琦）

148. 吸鱼泵中真空泵功率如何影响工作效率?

利用真空负压原理研制的吸鱼泵，主要是为应用在网箱养殖中活鱼的起捕、分级、运输等方面的，因此它起捕时对鱼的损伤和鱼的死亡率就是一个重要的衡量指标。真空吸鱼泵对鱼体是无任何损伤的，并且吸上来的鱼10%是鲜活的，但它是否对鱼的生理方面有影响，尤其是在试验鱼养殖一段时间后会出现极少数的死亡现象，是否与真空负压对鱼的影响有关，还有待进一步的试验观察研究。

分析认为无油螺杆真空泵真空负压对养殖鱼体危害几乎没有，实际试验跟投入生产时应尽可能降低鱼体停留在机器内部的时间，避免因此过程对鱼体造成隐形伤害。

真空泵功率与吸鱼泵工作效率的关系，多数研究都认为吸鱼泵的吸鱼量与其效率都跟真空泵的功率呈正相关，因此在设计性试验中选用功率较高的吸鱼泵来提高吸鱼效果，这样会大大增加吸鱼泵的制造成本和能耗。

通过研究发现，选用真空泵的功率大小与真空泵工作效率确实有一定关系，但不能片面地认为吸鱼泵的工作效率完全决定于真空泵的功率大小，另一个影响吸鱼泵吸鱼效果的重要因素是尽可能提高吸口处水流的初始流速及其感应半径。这种方法是预先让吸鱼泵内达到一定的真空度，再开始吸鱼工作，这样由于泵内外初始压差大，吸力较大，真空吸鱼泵的工作效率就越高。

（编撰人：漆海霞；审核人：闫国琦）

149. 真空吸鱼泵的优越性有哪些?

真空吸鱼泵功率小，吸鱼筒体要保持真空状态，是吸鱼泵的主要组成部件。筒体要求光滑，无旋叶部件损伤鱼体，可抽吸活鱼。

射流式吸鱼泵功耗较大，没有叶轮，使用了流体力学的设计原理，大大降低了鱼体输送过程的受损率和死亡率，气力吸鱼泵利用罗茨鼓风机抽风形成风速管道，但由于噪声大，能耗高，机件气蚀严重，因此不能输送活鱼。

离心式潜水鱼泵叶轮会损坏鱼体，而液压马达驱动叶轮则会泄漏油体污染鱼体。因此采用真空式吸鱼泵最为合适。

吸鱼泵整个装置的结构主要由筒体和真空泵组及附属管道、快速接头、电器控制箱等组成。不锈钢来制定筒体和支架则可防止被海水腐蚀，用快速接头连接管道可便于拆卸。为了结构紧凑真空泵组和电器控制箱安装在同一底座上。

吸入筒体的鱼水的混合液位通过设置的液位计来确定。启动抽气时吸鱼泵筒体内形成真空，鱼水混合物从网箱的吸口经管道吸入吸鱼泵内，待液位达到设计高度时，自动打开放气阀，使筒体通大气，这时止回阀自动打开，鱼水一起被排出。它还可将活鱼抽吸到另一网箱、分级机或其他容器，进行分箱、分级或出售等。筒体上还设有加药口，可以放入药物对活鱼进行消毒或治疗。

（编撰人：漆海霞；审核人：闫国琦）

150. 什么是臭氧一体机?

臭氧（O_3）是氧气（O_2）的同素异形体，因其具有强氧化性和杀毒性的特点被广泛运用在水产养殖上。

（1）臭氧一体机工作原理。本装置通过电晕放电法来获取臭氧。即在常压下使用含氧气体在交变高压电场作用下产生电晕放电制取臭氧。因其能耗造价低，目前市场占有率最高、使用最广泛的臭氧制造装置就是电晕放电装置。大气中氧气经过高频高压形成不稳定的O_3，因O_3不稳定，氧化能力大大提高，从而利用O_3的强氧化性来进行杀菌、消毒。

（2）产臭氧一体机应用。臭氧发生器具有可靠性高、用途广、成本低等特点，又因为其杀菌消毒功能强因此被应用于水产养殖、净水污水处理、废气处理、食品饮料冷藏保鲜加工等商业、医疗及工业臭氧等多个领域。

臭氧一体机

★百度图库，网址链接：https://image.baidu.com/search/detail

（3）臭氧一体机特点。①臭氧一体机具有节电省气、高效可调，可满足严格应用中对一切臭氧处理的不同要求，又因安装拆卸的便易性所以能长期工作无故障事故。②臭氧出口浓度高，臭氧出口浓度可达80mg/L以上，最高可达110mg/L。因为内置浓度高达90%以上的制氧机，同时采用了介电常数高达80～90的高介电复合陶瓷，因而臭氧出口浓度高。超低臭氧衰减率，有效节约气源成本。③新型实用专利技术——内外风冷型臭氧发生管，内外电极采用双风冷，因此高效稳定可长时间连续不断工作。④耐腐蚀，适合臭氧环境。本机器考虑工作环境因素大部分采用耐臭氧腐蚀及抗氧化材料，能不受臭氧影响。

（编撰人：漆海霞；审核人：闫国琦）

151. 什么是蛋白质分离器?

蛋白质分离器又叫泡沫分离器、化氮器，其工作原理是：利用气泡在水中其表面可以吸附混杂在水中的颗粒状污垢及可溶性有机物，达到吸附水体有机物、悬浮物及蛋白质的作用，同时也可以充当臭氧反应塔在海水养殖中充当净化设备。

蛋白质分离器是由离心旋流过滤装置、十字布水装置、反应室、泡沫收集管、射流进气组件、底部排空、臭氧加注、出水及工作液位调整等部分组成。具体处理流程为：过滤装置内部将需要处理的水体在旋流离心力的作用下分离，然后通过排污口排出大的颗粒物和细小的污物（约进水量15%），经旋流过滤处理后85%水进入十字布水装置进行均匀布水，布水后水缓慢流入反应室，同时射流器装置吸入空气产生大量微细气泡。在水、气、粒三相混合的体系中，不同介质的相表面上都因受力不平衡而存在界面张力，所以当微气泡与固体悬浮颗粒接触时，由于表面张力的作用就会产生表面吸附作用。微气泡向上运动时，微气泡表面上便附着各种悬浮颗粒和胶质，因为密度小于水产生浮力从而使其随气泡向上运动，并聚积在上部水面，随着微气泡的不断产生，聚积的气泡不断堆积到顶部的收集管中被排出。

蛋白分离器

★百度图库，网址链接：https://image.baidu.com/search/detail

蛋白质分离器与臭氧配合使用时，可作为臭氧反应塔使用，臭氧能快速分解水体中的有机质和还原性有机质，杀灭水体中的病毒、病菌，臭氧不仅能快速降低海水中COD和BOD值，还可降低水体中氨氮和亚硝酸盐浓度，去除臭味、色度、铁、锰以及重金属和藻类，增加溶解氧，而且具有无二次污染等优点。

（编撰人：漆海霞；审核人：闫国琦）

152. 什么是浮床生物过滤器?

结合固体流化技术、微小颗粒的巨大表面积特性加上滴滤过滤器和活性污泥法的优点，浮床生物过滤器的生物膜高度集中、浓度高、净化效率高，氨氮的转化率能提高2～4倍。它相比过去的各种过滤器具有占地面积小、不易阻塞或生物膜活性好、降低建造费用且易于管理等优点。

浮床生物过滤器具有生物过滤、机械过滤、反清洗功能，本机器能耗低，安装操作简易，加载特性强。与蛋白质分离器、臭氧消毒器联合使用达最佳使用效果。

浮床生物过滤器是由主体反应室、进水装置、多层生物滤料、反清洗装置、排污、底部排空、出水等部分组成。正常工作流程为：需要处理的养殖水从进水口流入浮床生物过滤器内部，水中的大颗粒物（比重大于1）利用离心力向下从大颗粒排污口排出，剩余含有小颗粒悬浮物的大部分养殖污水均匀自下而上地流经多层生物滤料，此时多层生物滤料在固体流化技术的作用下形成一个流动的多层次滤床，水中小颗粒悬浮物被这流动的多层次滤床过滤掉（机械过滤功能），多层生物滤料（比表面积大）同时培养了生物膜（亚硝化菌和硝化菌），使水中的氨氮等有害物质被生物滤料表面的生物膜硝化菌转化，达到去除水中含氮的有害物质。

浮床生物过滤器

★百度图库，网址链接：https://image.baidu.com/search/detail

（编撰人：漆海霞；审核人：闫国琦）

153. 什么是溶氧锥?

工厂化循环水养殖系统中溶氧程度的影响巨大，溶氧不够将影响产量以及水质。增氧的设备有很多种：罗茨风机、高压风机、液氧罐、制氧机等，根据实际使用情况选择合适的增氧方式。因为纯氧在高密度养殖中的地位异常重要而受大众喜爱，但将纯氧加入水中将涉及多方面的问题，同时也有多种方法。溶氧锥是目前氧气利用率最高的一种溶氧设备，氧气的利用率高达95%以上，又因为其高性价比成为市场上纯氧增氧中必不可少的溶氧装置。

溶氧锥的工作原理：溶氧锥无产生氧气的功能只能使氧气与水混合，利用特殊的构造形成正负压（大气压）使氧气充分的溶解在水中，即利用装置将水和氧气同时加入并充分混合，使得出来的水直接是高含氧的。在使用过程中，外在的一些因素会影响溶氧锥的正常使用，这些因素包括增氧机、液氧罐、水泵设备、水管和整体系统设计等。

溶氧锥

★百度图库，网址链接：https://image.baidu.com/search/detail

（编撰人：漆海霞；审核人：闫国琦）

154. 什么是工厂化循环水养殖系统?

工厂化循环水养殖系统是通过水处理设备将养殖水净化处理后再循环利用的一种新养殖模式。

结合生物学、工程学、流体力学、环境工程学、信息学等多种学科的知识，工厂化循环水养殖系统是一个多学科，多领域技术交叉，具有较强技术含量的系统。工厂化循环水养殖系统以工业化手段控制养殖环境，减少水资源消耗以及提高水资源质量，可控程度高，不受外界干扰，资源利用率大。它对改革水产养殖模式，保护环境都具有重要的现实和历史意义。

工厂化循环水养殖系统的开发必须具备环保节能，空间利用率高效，隔绝外界灾害及病原干扰，提高水体生物的生活质量等特点；在自然灾害频繁的区域，工厂化循环水养殖将不受自然环境影响，系统主要设备有全自动微滤机、生物过滤器、蛋白质分离器、臭氧一体机、残余臭氧去除器、复合式脱气杀菌处理器、制氧系统、恒温系统、在线水质监控、自动投饲机等。

工艺说明：将养殖池内的杂质及排泄物随着水源净化而得到清除，防止其转化成氨氮、亚硝酸盐。全自动微滤机主要用于过滤水中的大量杂质，减少后面设备的负担。而蛋白质分离器则用来分离溶解于水的杂质，同时加入臭氧配合效果更佳。

系统特点：工厂化循环水养殖系统就是要实现可控、高密度、低成本、环保、健康水产品等众多条件，运行成本是非常低的，设备投入成本是一次性投资，节能低成本才是关键。

工厂循环水养殖系统

★百度图库，网址链接：https://image.baidu.com/search/detail

（编撰人：漆海霞；审核人：闫国琦）

155. 工厂化循环水养殖系统主要设备如何工作?

（1）蛋白质分离器。蛋白质分离器采用势能进气技术和N型水流多次水气混合体切割技术，产生大量的微小气泡，利用气泡的表面张力吸附各种颗粒状的污垢以及可溶性的有机物，通过气浮原理脱除养殖污水中悬浮的胶状体、纤维素、蛋白质、残饵和粪便等有机物。结合空气流量调节阀和工作液位调节阀，可使蛋白质分离器达最佳效果。

（2）生物过滤系统。结合固体流化技术、微小颗粒的巨大表面积特性加上滴滤过滤器和活性污泥法的优点，浮床生物过滤器的生物膜高度集中、浓度高、净化效率高，氨氮的转化率能提高2～4倍。它相比过去的各种过滤器具有占地面积小、不易阻塞或生物膜活性好、降低建造费用且易于管理等优点。

（3）复合脱气杀菌处理系统。复合式脱气杀菌处理器的紫外线杀菌（UV）

既可对病菌消毒又可去除残余臭氧；复合式脱气杀菌处理器内的纳米曝气装置还可去除水体中的有害气体。

（4）残余臭气去除器。残余臭氧去除器是一种针对性的设备，利用填料对残余臭氧进行吸附，避免由于残余臭氧影响生物生长。

（5）纯氧系统。由制氧机及溶氧锥配套而成，制氧机从空气中提取氧气，通过溶氧锥将水和氧气混合，制造出高氧水。还通过增加自动控制仪表，可以实现自动增氧，达到溶氧量设定值自动停止，低于设定值设置值又重新启动，实时在线查看水质的溶氧值及水温。

工厂化循环水养殖

★百度图库，网址链接：https://image.baidu.com/search/detail

（编撰人：漆海霞；审核人：闫国琦）

156. 为什么要使用工厂化循环水养殖系统?

（1）室内养殖不受自然环境及天气变化影响，保证水质可控及其质量。

（2）水温可控。可根据养殖的水体生物人为调整到最合适的环境，从而缩短生产周期，提高养殖产量。

（3）存活率高。由于系统跟环境可控性高，外界干扰小，病害及污染源治理方便，可提高水体生物存活率。

（4）可以高密度养殖。通过提高水质及溶氧量，可以实现高密度养殖，有些品种甚至可以到达200kg/m^{3}以上。对一些场地有限又想高产量的是一种很好的实现方法。

（5）提供环保、健康的水产品。通过隔离外部的污染源，减少外来病菌的影响，养殖的水体生物可得到较为安全可靠的生长环境，可以产出绿色食品。

（6）减少排放、节能用水。工厂化循环水养殖系统是不需要换水的，可以长期循环使用，对一些严重缺水的地方是一种非常完美的养殖方式。

工厂循环水养殖系统

★百度图库，网址链接：https://image.baidu.com/search/detail

（编撰人：漆海霞；审核人：闫国琦）

157. 什么是混流泵?

混流泵的工作原理与设计特点总结如下。

（1）工作原理。混流泵工作时对液体既有离心力又有轴向推力，是离心泵和轴流泵的结合体，是介于离心泵和轴流泵之间的一种泵。混流泵的转速在离心泵和轴流泵之间。它的扬程比轴流泵高，但流量比轴流泵小，比离心泵大。

（2）设计特点。混流泵是一种“拉出”式结构泵，在检查和拆卸叶轮和轴封时，无须将与泵体相连接的管路拆开。装有精密加工的泵轴，装有稀油润滑的轴承，在填料函盖中装有防护轴套。轴承箱通过恒位油杯来控制油位。

来自管路的任何载荷都通过泵体的支脚传递给基础，保证转子不会因为泵承受载荷而产生弯曲，延长轴承的使用寿命。由于较大的过流面积，从而减少阻塞。泵的旋转方向，从驱动端看，为顺时针方向。可采用电动机或内燃机作为动力源。泵装置上可以配备完整的放气装置，有利于吸入管路的排气。

混流泵

★百度图库，网址链接：https://image.baidu.com/search/detail

（编撰人：漆海霞；审核人：闫国琦）

158. 混流泵结构特点是什么?

（1）可抽形式。可抽式带有内连接管，多用于口径较大或基础下出水等出口管路拆卸不方便的场合。主要分为可抽部分和不可抽部分，可抽部分包含大部分易损元件并比不可抽部分轻，便于安装拆检。不可抽式结构简单，适合于小口径、基础上出水。

（2）润滑形式。立式混流泵大多采用水润滑导轴承，有自润滑和外供水润滑两种形式。自润滑，通过水泵使用抽取的目标介质来润滑轴承，需要短时间无润滑运行直到水泵内充满目标介质。

（3）级连形式。单级多级指的是单体泵叶轮和导流壳的数量，立式混流泵大多是单级用在大流量低扬程的场合，在流量不变和高压力的要求时，可做成多级，多级泵可以得到更大的扬程。多级泵的结构更复杂，设计压力高，配用功率也更高。

（4）密封形式。密封形式可采用填料密封或机械密封。填料密封是在填料体填满填料，用压盖压紧限制泄漏的方式。适用密封一般介质，按填料材质分石墨、碳化纤维、碳纤维、聚四氟乙烯等，密封压力3MPa，允许一定的泄漏量，20 ~ 40mL/min。

混流泵

★百度图库，网址链接：https://image.baidu.com/search/detail

（编撰人：漆海霞；审核人：闫国琦）

159. 什么是离心式水泵?

（1）工作原理。离心式水泵是一种工作前必须灌满水，并利用电机带动叶轮旋转而使水发生离心运动来工作的。泵轴带动叶轮和水做高速旋转运动，水发生离心运动，被甩向叶轮外缘，经蜗形泵壳的流道流入水泵的压水管路。

（2）基本构造。离心式水泵的基本构造是由8部分组成的，分别是：叶轮，泵体，泵盖，挡水圈，泵轴，轴承，密封环，填料函，轴向力平衡装置。

①叶轮是离心泵的核心部分，它转速高输出力大。

②泵体（泵壳），是水泵的主体部分，主要起到支撑固定作用，并与安装轴承的托架相连接。

③泵轴作用是借联轴器和电动机相连接，是传递机械能的主要部件。

④密封环又称减漏环。

⑤填料函主要由填料，保证水泵密封性，始终保持水泵内的真空。当泵轴与填料摩擦产生热量就要靠水封管注水到水封圈内使填料冷却。

离心式水泵

★百度图库，网址链接：https://image.baidu.com/search/detail

（编撰人：漆海霞；审核人：闫国琦）

160. 离心式水泵使用错误认识有哪些?

（1）安装进水管路时，水平段水平或向上翘。这样做会使空气进入进水管，降低水泵真空度和水扬程导致出水量减少。正确的做法是：其水平段向水源方向倾斜，不应水平或者向上翘起。

（2）进水管路上用的弯头多。弯头用多会增加水流局部阻力。并且弯头只能安装在垂直方向不能安装在水平方向防止空气聚集。

（3）水泵进水口与弯头直接相连。这样会使水流进入叶轮时分布不均。当进水管直径大于水泵进水口时，应安装偏心变径管。否则会聚集空气，出水量减少或抽不上水，并有撞击声等。若进水管与水泵进水口直径相等时，应在水泵进水口和弯头之间加一直管，直管长度不得小于水管直径的2～3倍。

（4）装有底阀的进水管最下一节不是垂直的。如这样安装，阀门不能自行关闭，造成漏水。正确安装方法是：装有底阀的进水管，最下一节要垂直或与水平面夹角应在60°以上。

（5）进水管的进水口位置不对。①进水管的进水口离进水池底和池壁距离小于进水口直径。池底有泥沙等污物时，将堵塞进水口造成抽水时进水不畅或吸进泥沙杂物。②进水管的进水口入水深度不够时，这样会引起进水管周围水面产生旋涡，影响进水，减少出水量。正确的安装方法是：中小型水泵入水深度为300～600mm，大型水泵不得小于600～1 000mm。

离心式水泵

★百度图库，网址链接：https://image.baidu.com/search/detail

（编撰人：漆海霞；审核人：闫国琦）

161. 离心式水泵使用要注意哪些问题？

（1）进水管和泵体内有空气。

①在启动水泵前没有灌满足够的水。在灌水过程中没有转动泵轴来排出空气，虽然表面上看水已经灌满，并且从放气孔中溢出来了，但是进水管和泵体仍然还会有一小部分的空气没有排出。

②进水管向上翘起。会导致进水管有一小部分残留空气，使水泵中没有足够的真空度，进而影响水泵的吸水性能。因此，与水泵连接的进水管端口为较高的一端，即进水管的逆水流方向必须至少要有0.5%以上的向下倾斜坡度，并且不能够完全水平。

③水泵的填料磨损。当填料使用时间过长或者压得过松的时候，都会导致水从填料与泵轴轴套的间隙中喷出，进而使空气能够通过这些间隙进入水泵中，影响水泵的抽水性能。

④进水管管壁腐蚀。进水管管壁由于长时间与水接触，会受到水中的杂质的腐蚀而出现微小孔洞，当水面下降直至低于这些孔洞时，空气就会通过孔洞进入进水管中。

（2）水泵转速过低。

①人为因素。有不少水泵使用者在电动机损坏后，没有配上相同规格的电动

机进行工作，而是随便用一台电动机顶上，导致水泵动力不足而抽水性能大大下降。

②传动带磨损。大多数大型水泵都是采用传动带进行带传，时间久了之后，传动带会因为磨损严重而变得松散，容易打滑，从而降低了水泵的转速。

③安装不当。两带轮中心距太小或两轴不太平行，传动带紧边安装到上面，致使包角太小，两带轮直径计算差错以及联轴传动的水泵两轴偏心距较大等，均会造成水泵转速的变化。

④水泵本身的机械故障。水泵长期使用后，用于紧固叶轮与泵轴之间的螺母会变得松脱，泵轴也会变形，导致叶轮偏移，摩擦到水泵上。还有轴承的损伤，都会使水泵的转速下降。

离心式水泵

★百度图库，网址链接：https://image.baidu.com/search/detail

（编撰人：漆海霞；审核人：闫国琦）

162. 离心式水泵如何使用与维护？

（1）使用要求。①驱动机的转向必须保持与水泵相同的转向。②使用前需要检查管道泵和共轴泵的转向。③使用前要检查各固定连接部位是否有松动情况，当需要给水泵添加润滑剂时要严格按照设备技术文件所规定的对应润滑部位润滑剂的规格和数量来进行。④对于需要进行预润滑处理的水泵部位应合理进行预润滑。⑤使用前应检查各指示仪表，安全保护装置是否灵敏和准确。⑥使用前应检查盘车是否灵活和有无异常现象。

（2）维护。当离心泵出现机械密封失效时会导致停机，多数离心泵停机都是由泄漏引起的，泄漏原因主要有以下几种。

①动静环密封面的泄漏。主要的原因有多种：比如端面平面度和粗糙度不达标，或者划伤到离心泵表面；端面间有颗粒物质，造成两端面不能同步运行；还

有可能是安装过程不合理。

②补偿环密封圈泄漏。原因主要有：压盖变形，预紧力不均匀；安装不正确；密封圈质量不符合标准；密封圈选型不对。

大多数水泵中，密封元件失效最多的部位是动、静环的端面，最常见的是动、静环端面出现龟裂导致密封失效，主要原因如下。

①水泵安装过程中其密封面留有过大的间隙，在冲洗过程中，冲洗液从间隙中流走，没有将足够的摩擦热量带走，而使端面受热过多而龟裂。

②液体介质汽化膨胀，其膨胀力会将两端面分开，当对两端面加力贴合时，会对润滑膜造成损伤而使端面受热过多而龟裂。

③液体介质润滑性较差，加之操作压力过载，两密封面跟踪转动不同步。如高转速泵转速为20 445r/min，密封面中心直径为7cm，泵运转后其线速度高达75m/s，当有一个密封面滞后不能跟踪旋转，瞬时高温造成密封面损坏。

离心式水泵

★百度图库，网址链接：https://image.baidu.com/search/detail

（编撰人：漆海霞；审核人：闫国琦）

163. 什么是潜水泵？

（1）工作原理。潜水泵的种类有多种。如果已经很长时间没有使用该水泵，那在使用前必须先将叶轮弄转几下，防止长时间没有使用而使叶轮卡死而导致电机烧坏。正常工作时，水泵和吸水管都必须充满液体，而不能有空气残留，叶轮快速转动利用离心力将液体射出，进入泵壳扩散室，此时液体速度减慢，压力变大，进入泵出口随排出管流出。叶轮中心会有一部分不存在空气和液体的真空低压区，利用大气压，液池中的液体能够持续经由吸水管中进入泵中再从排出管流出。

（2）基本参数。包括流量、扬程、泵转速、配套功率、额定电流、效率、出水口管径等。潜水泵成套由控制柜、潜水电缆、扬水管、潜水电泵和潜水电机组成。

（3）主要分类。按照使用介质对象进行分类，潜水泵主要包括清水潜水泵、污水潜水泵以及针对具有腐蚀性的海水的海水潜水泵3种。

（4）安装方式。潜水泵的安装方式通常包括以下3种：①立式竖直使用，适用于普通的水井中。②斜式使用，适用于矿井等有一定斜度的通道中。③卧式使用，适用于有一定面积的水池中。

（5）潜水泵类型。按照排水原理可将水泵大概分为3种类型：①叶轮式泵，如离心泵、混流泵、轴流泵、旋流泵等。②容积泵，如柱塞泵、齿轮泵、螺杆泵、叶片泵等。③其他类型，如射流泵、水锤泵等。

潜水泵

★百度图库，网址链接：https://image.baidu.com/search/detail

（编撰人：漆海霞；审核人：闫国琦）

164. 潜水泵如何安装?

（1）安装前的检查和准备。①安装前需要先检查水井环境条件，看看是否符合该泵的使用条件，包括从井径、垂直和井壁质量以及静水位、动水位、涌水量和水质条件等多方面进行检查，如果检查发现有不符合条件的地方，则应该采取合理措施进行解决，否则绝对不能将泵放下井。②对供电条件包括设备和线路进行检查，保证潜水泵有足够稳定的动力进行工作。③检查电源电压和频率是否合理，并进行相应的调节。④安装前应该对说明书进行充分的解读，按步骤合理进行安装，如果安装的水井是新建的，则必须进行清洗，去除水中的泥沙和石块。⑤对电气控制的各种线路和保护装置进行检查。⑥安装前要提前准备好竖立三脚架和吊链等安装工具，确保安装过程的安全性和可靠性。

（2）安装过程。①潜水泵一体卸下滤水网，然后打开注水和放气孔螺栓往电机内腔注满洁净的清水。这个过程要保证水要注满，不能有空气残留。②仔细检查电缆和接头是否完整，对损伤部位及时进行包扎。③用万用表监测绕组的绝缘电阻，必须高于150MΩ。④安装好保护开关和启动开关，并再次检查电机内水是否灌满，上紧注水、放气孔螺栓，然后上好护线板、滤水网准备安装下井。⑤在潜水泵的出水口安装一节短输水管，并用夹板夹住吊起落入井中，使夹板坐落在井台上。⑥再用一副夹板夹住另一节输水管，然后吊起降下与短输水管法兰相连接。升起吊链拆下第一副夹板，使泵管下降井中又坐落在井台上，依次反复进行安装，下井，直到全部装完，最后一节夹板不卸将泵固定在井口上。⑦最后安好井盖、弯管、闸阀、出水管等，整个安装过程就完成了。

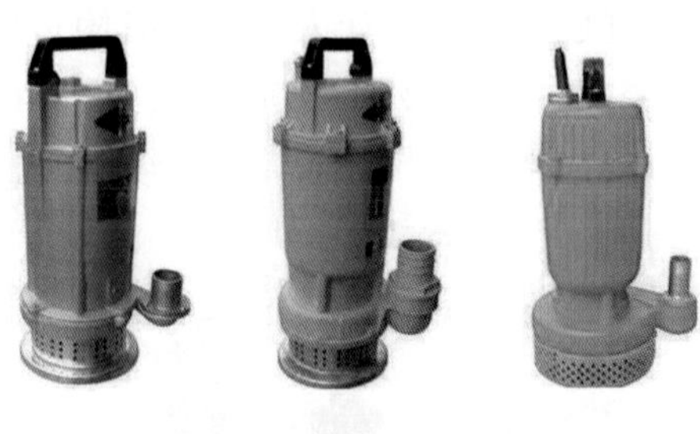

潜水泵

★百度图库，网址链接：https://image.baidu.com/search/detail

（编撰人：漆海霞；审核人：闫国琦）

165. 潜水泵有哪些使用注意事项?

（1）严格按照规定扬程来选用型号合适的潜水泵，其配套的钢管、橡胶管或帆管型号都应根据合理内径来选择。

（2）检查输水管是否有破裂的地方并及时进行修补处理，防止漏水，出水管尽量减少弯曲的地方。

（3）若要移动潜水泵，绝不能通过拉动电线来操作，防止电线遭到破坏，一定要通过耳环上的绳子来进行拉动。

（4）对于水或含沙量较大的水，不能作为潜水泵的抽取对象，防止潜水泵造成腐蚀或损伤。

（5）选用电源型号时一定要合理，电源的安装区域要靠近水泵，减少电能损耗。电压应在正常值的±10%之内，还需要在电源或水泵处装设一条1m以上的铁棍进行接地保护。电源也要保证接地可靠，并装设漏电保护装置。由于电压过高会引起电机发热导致绕组烧坏，而过低会使电机转速降低而导致绕组发热时间过长而烧坏，因此一定要保证电源电压稳定在合理范围内。

（6）潜水泵的潜水深度一般为0.5～3m，采用垂直吊起方式，不能采用斜式和卧式方式，不能陷入泥沙中。

（7）潜水泵应采用断路器作控制设备，也可以采用三刀开关，但必须装上6A的保险丝。

（8）潜水泵不能在脱水情况下工作。当在水池内抽水时，应时刻注意水位情况，避免电源露出水面。如果在地面进行试机，则不能超过5min，不然会烧坏电机。

（9）潜水泵在使用过程中，不能让人接触到其附近的水面，避免触电事故的发生。当发现漏电现象时，必须及时切断电源，再进行检查处理。当水泵运转后出现叶轮倒转时，应立即停机，调换三相芯线中任意两根接线，使之正常运转。

潜水泵

★百度图库，网址链接：https://image.baidu.com/search/detail

（编撰人：漆海霞；审核人：闫国琦）

166. 潜水泵如何维护保养？

（1）经常检查密封件。保证潜水泵内部密封完好，不能进水，否则会烧坏电机。使用前或者当潜水泵工作时间达到50h，都应将潜水泵从水中提出来，对潜水泵的各部件的密封状态进行查看，避免螺钉松动或脱落，当发现密封部件有损坏情况时，要及时进行更换，保证潜水泵的安全性。

（2）定时更换润滑油。当油浸式潜水泵工作500h后，就必须对其密封室的机油进行更换。当油浸式潜水泵使用时间达到一年时，则要对其电机中的机油进行更换。机油更换时要严格按照要求来选择相应的牌号，不能将不同牌号的机油混合起来使用。当湿式潜水泵工作2 000h后，则必须更换润滑油，需要注意的是润滑油必须是锂基润滑脂，不能是钙基润滑脂。

（3）定期除锈。潜水泵在使用一年后，必须检查其锈蚀情况，并在除去铁锈后，涂上一层防锈漆进行防锈保护。

（4）定期保养。潜水泵在使用两年后，必须拆开其所有器件进行全面检查，再进行清洗和润滑，完成检修和清洗工作后再重新装配起来。

（5）存放保养。当潜水泵长期不用时，应将其提出水面，擦干后存放于干燥通风处。

潜水泵

★百度图库，网址链接：https://image.baidu.com/search/detail

（编撰人：漆海霞；审核人：闫国琦）

167. 水泵常见故障分析及处理方法有哪些?

（1）流量不足。产生原因：造成水泵流量不足的原因有多种可能，包括吸水管漏气、底阀漏气；进水口堵塞；底阀没有足够的入水深度；水泵转速太低；密封环或叶轮磨损过大；吸水高度超标等。处理方法：检查吸水管与底阀是否漏气，将漏气源堵住；对进水口进行清理，去除淤泥或堵塞物；检查底阀入水深度是否大于进水管直径的1.5倍，如果深度不够，则加大底阀入水深度至规定深度；检查电源电压是否达到规定电压；更换密封环或叶轮；重新安装水泵；换用更高扬程规格的水泵。

（2）功率消耗过大。产生原因：水泵转速过高；水泵主轴弯曲或水泵主轴与电机主轴不同心或不平行；选用水泵扬程规格过大；水泵中或通水管中有堵塞物；电机滚珠轴承损坏等。处理方法：检查电路电压是否超出规定电压并将电压调整到合理范围内，以此控制水泵转速；矫正水泵主轴或调整水泵与电机的相对位置；根据需要换用合理扬程规格的水泵；清理水泵中或水管内的泥沙或堵塞物；更换电机的滚珠轴承。

（3）泵体剧烈振动或产生噪声。产生原因：水泵安装时没有固定牢靠或水泵安装高度不合适；电机滚珠轴承损坏；水泵主轴弯曲或与电机主轴不同心、不平行等。处理方法：检查水泵是否安装牢固，装稳水泵或合理降低水泵的安装高度；更换电机滚珠轴承；矫正弯曲的水泵主轴或调整好水泵与电机的相对位置。

（4）传动轴或电机轴承过热。产生原因：没有及时更换润滑油或者轴承损伤。处理方法：按照要求合理选择相应牌号的润滑油进行加注或者更换新的轴承。

水泵

★百度图库，网址链接：https://image.baidu.com/search/detail

（编撰人：漆海霞；审核人：闫国琦）

168. 什么是轴流泵?

轴流泵叶轮的圆管形泵壳内装有2～7个叶片，在叶轮上部的泵壳上装有固定导叶，其作用主要是使液体的旋转运动变为轴向运动，同时把旋转的动能变为轴向的压力能。轴流泵分单级式与双级式两种，单级式较常见。

轴流泵有立式、卧式、斜式，其中立式最常见，叶轮是浸没在水下面。小型轴流泵的叶轮安装位置高出水面时，则要用到真空泵排气引水启动。轴流泵的叶片有固定式、可调式。大型轴流泵的使用工况（主要指流量）在运行中常需要作较大的变动，为了使泵在不同工作环境下保持在高效率区运行，可适当根据需要调节叶片的安装角。一般来说小型泵有固定的叶片安装角。在各种动力式泵中，轴流泵的转数比最高，大概为500～1 600。并且由于泵的流量—扬程、流量—轴功率特性曲线在小流量区较陡，说明此处波动较大，故应尽量减少在泵小流量区运行。

轴流泵在零流量也即是刚启动时的轴功率最大，因此为了减小启动功率，泵在启动前应先把排出管路上的阀门打开。轴流泵应用场景主要有低扬程、大流量的场合，或用作电厂大型循环水泵。浅水船舶的喷水推进则需要用到扬程较高的轴流泵（必要时制成双级）。

轴流泵

★百度图库，网址链接：https://image.baidu.com/search/detail

（编撰人：漆海霞；审核人：闫国琦）

169. 轴流泵安装有哪些注意事项?

（1）安装前的准备。①对零部件进行检查。对配合面做简单的清洁，对无需使用密封胶的配合面重新涂上防锈油。②对基础情况进行检查。分为3部分：进水流道的尺寸、泵安装基础的稳定性、安装基础水平度和尺寸。验证3部分是否符合基本要求。③准备好必要的工具和起重设备。了解所需要的最大起重重量，并确保设备可承受。

（2）安装过程。①首先将泵的2个支座放在泵基础层上，在流道进口基础上放置泵进口密封组件。适当对斜垫铁进行调整，保证支座水平度小于0.05mm/m，中心线对齐，并让支座下表面完全接触斜垫铁，放置好后开始灌浆固定地脚螺栓。②在保证不损坏密封压盖结合面的前提下，将枕木或槽钢、工字钢及其他支撑物放置于进口密封组件，并将组装好的转子体组件安放在上面。用天车的主钩和副钩同时吊起组装好的主轴部件，用套筒螺母将泵轴拉杆与下拉杆联结好，并点焊以防松脱，然后将主轴与转子体联结紧固。③将支撑物放置在泵支座上，并吊起导叶体穿过主轴放在上面。安装橡胶轴承，以定位销定位并连接好，与导叶体固定。最后装好导水锥。④吊起中间接管使其与导叶体连接好，注意结合面涂密封胶。再吊起该组合件，撤去支撑物，放在支座上。同时确保中间接管精加工面的水平度小于0.05mm/m。否则需要不停调整斜垫铁直至达到要求。待地脚螺栓孔内的第一次混凝土彻底硬化后，拧紧地脚螺栓的螺母，将泵支座固定。⑤把出口弯头、橡胶轴承、对开填料座依次按要求装好。⑥检查提升高度是否有6mm，把转子提升到要求高度，盘车检查转子是否灵活。

（编撰人：漆海霞；审核人：闫国琦）

170. 轴流泵如何维护?

（1）准备工作。①将泵进水流道内的杂物清除，如木块、砖头、纤维、织品、金属丝，保证泵进水流道的干净。②保证泵进水水位超过最小淹没深度，否则需提高其水位直到超过最小淹没深度。③保证电机转向无误（从上往下看，叶轮为顺时针方向旋转）。④检查填料的压紧程度，保证其在一个合适的程度，并且尽量使填料压盖压得均匀。润滑水、润滑填料及橡胶轴承需要提前5min打开。

（2）注意事项。①必须保证泵吐出才能开始运行，反转时间要控制在2min内。②若发现泵有较大噪声或振动，必须立即停泵进行设备检查。③把泵标准性能曲线与实际工作情况作对比，若两者差距不大则运行正常。④控制好填料的压紧程度，以有少量的水连续不断地从填料函处冒出为宜。⑤做好监测工作，记录好设备运行情况，有设备故障要及时上报。

（3）拆卸。①关键处做好标记，方便下次安装。②准备好多个零件存储箱，将拆卸下来的零件固件分清楚分别装到箱子中，并对箱子做必要的标示，以防丢失或混杂。③准备好稀释过的防锈漆，以便涂于零件的某些配合表面。④准备好防锈漆，零件防锈是必要的，防锈漆用于涂抹在零件防锈部位。

轴流泵

★百度图库，网址链接：https://image.baidu.com/search/detail

（编撰人：漆海霞；审核人：闫国琦）

171. 什么是海鲜烘干机?

海鲜烘干机特点。①输出热风温度高。可设置最高输出热风温度为85℃。②运行费用低。其热泵运行费用与燃油燃煤费用相当，费用上相比燃油减少40%，相比纯电耗能设备节省50%。③绿色环保。响应国家号召，对环境危害低。④安全可靠。不适用电热装置，本质上解决了因漏电产生的各种事故，也不会出现如燃煤、燃气等加热方式若在密闭的空间里使用可能会导致缺氧、中毒、爆炸等危险的情况。⑤舒适方便。烘干机一侧供给热风用于烘干，另一侧可输出23～26℃的舒适温度，有利于调节车间温度。烘干机系统为全自动控制，不需人为过多干涉。

海产品烘干机产品优势。①在该领域属于首创技术。具有抽湿、烘干、排湿、新风换气等多种功能。②节能减排。适用于带式连续干燥系统，闭式除湿与热泵干燥相结合，比传统带式干燥机节能40%～60%。③排湿量大。单位能耗排湿量可达到1.2kg，远超其他排湿方式。④为减少能耗提高能效，设计出排风热能量回收、新风零功耗预加热功能。⑤系统会根据实际需求实现多温度段智能控制，适合大温差、梯度恒温互作业。

海鲜烘干机

★百度图库，网址链接：https://image.baidu.com/search/detail

（编撰人：漆海霞；审核人：闫国琦）

172. 什么是鱼苗孵化桶?

鱼苗孵化桶是针对鱼类孵化而设计的一种设备。其采用微流水设计。在溶氧充足的条件下，可对鱼类的卵进行孵化。孵化桶一般采用PP或透明亚克力作为材质。鱼苗孵化桶的结构形似漏斗，上面较大下面较小。为了方便将可能粘连在一起的鱼卵冲散，将进水口设置在下面，同时也可以将高溶氧的水扩散，确保孵化过程氧气充足，由于水流量过大可能会冲击损伤到鱼卵，因此下方的进水口为控制水流量设置了阀门。将出水口设置在上面，一个环状的槽形，为防止鱼卵被冲出孵化桶可在内环中设置滤网。锥形设计有利于收集鱼苗，并减少收集幼鱼时造成的死亡率。

（1）高溶氧。使用溶氧量高的水对于孵化十分有利，也能提高孵化成功率与存活率。

（2）控制氨含量。对于水体中氮含量需要严格控制在安全线以下。因为氮浓度过高可能导致鱼苗死亡。氮来源主要有水源和被投入的饲料分解而来，为控制氮含量，生物过滤器是必需的。

（3）去除有害物质（臭氧等）。在给水体杀菌的过程中可能引入对鱼苗有害的物质如臭氧。因此孵化过程中杀菌方法要谨慎选择，需使用对鱼苗伤害小的方式，如紫外线杀菌器。

（4）温度控制。不同种类的鱼卵对孵化温度要求不同，要提高孵化成功率，不仅要选择合适的孵化温度，还要尽量使温度波动较小。

鱼苗孵化桶

★百度图库，网址链接：https://image.baidu.com/search/detail

（编撰人：漆海霞；审核人：闫国琦）

173. 水温控制设备的功能是什么？

水温控制设备在工艺上有着较严格的标准，使用时要求将加热功率控制在适合的范围，使用PID算法控制温度，控制精度为±1℃。

（1）水温控制设备的保养。①设备非工作状态时尽量干净、干燥。②定时切断电源，拆卸掉设备的外壳，使用空气压缩机吹干灰尘，重点清洁电器部分的接点，以防出现接触不良的情况。③使用碎布对设备内部进行清洗时应尽量小心，避免损坏内部器件。④按照厂家建议，定期对设备进行检查与保养。

（2）水温控制设备的功能介绍。水温控制设备一般使用高温泵，有控制精度高等特点，十分契合精密行业的需求。可以根据客户现场所需的温度，按客户现场不同特点和要求来设计，满足所需要的温度控制要求。做工良好，内部管路不锈钢一体成型，管路内部热量损耗小，加热均匀。同时，管路防爆装置增加独特的加热设计，多点温度控制机组可定做，温控范围大，水温控制设备温度均匀稳定导热速度快，有利于温度调节，快速升温降温至所需温度，提高生产效率和保证产品质量。温度实际测得值与设定值分别显示。设备的通信总线使用RS485总线，具有稳定安全的特点。

水温控制设备

★百度图库，网址链接：https://image.baidu.com/search/detail

（编撰人：漆海霞；审核人：闫国琦）

174. 水循环温度控制机如何工作?

（1）运行原理。水循环温度控制机由控制部分与机械部分组成。控制部分的感温探头用于检测温度，并将其得到的数据反馈回微机中，微机经过处理发出控制信号控制升温或降温。机械部分的循环泵是整个工艺实现传热功能的关键。

一开始控制机启动，水源从冷却循环管引入，同时排气功能也开启，等待整套系统中的水补充充足后，仔细观察压力表，待指针稳定时，便可设定温度。设定结束后，加热装置开始运行，同时感温探头实时监测温度，一旦温度达到设定值，则发送信号给电脑板，电脑板发出信号令加热装置停止运行；若检测到的温度超过设定值，则开启冷却电磁阀，引入冷却水进行冷却，直到温度下降到设定的温度则停止。

（2）基本构造。水循环温度控制机由控制部分与机械部分组成。控制部分主要是电子装置、感温探头以及微机装置；机械部分主要是管路系统、循环泵以及加热冷却装置等。

（3）特点。①水循环温度控制机主要组成部分包括水箱、加热冷却系统、动力传输系统、液位控制系统以及温度传感器等器件。②一般情况下，动力传输系统中的循环泵中热流体的路径为内置加热器和冷却器的水箱到模具再返回水箱。③感温探头实际测量的是液体温度。控制器接收到发送过来的温度值信号后，通过调节热流体的温度，从而间接调节模具的温度。④生产过程中，一旦模具实际温度值超过控制器设定值，则开启冷却电磁阀，引入冷却水进行冷却，直到温度下降到设定的温度则停止。⑤一旦模具温度低于设定值，控制器自动打开加热器。

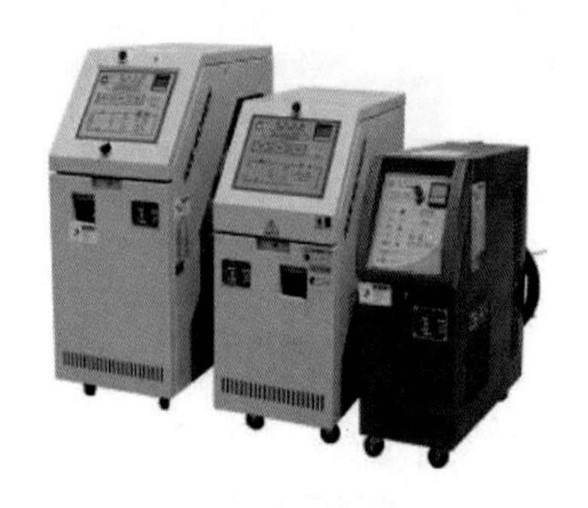

水循环温度控制机

★百度图库，网址链接：https://image.baidu.com/search/detail

（编撰人：漆海霞；审核人：闫国琦）

175. 什么是便携式溶解氧分析仪？

（1）工作原理。仪器主要由极谱型复膜氧电极与带有微处理机电子单元两大部分组成。氧电极承载极化电压，大约为0.7V，电源正极与银色电极对接，负极与黄金电极对接。其中黄金电极处连接有I ~ V转换单元的集成运算放大器。经过此单元后，电极处的电流信号被转化为电压信号，并有一定的温度补偿作用，此后该信号再进入温度补偿单元进行温度全补偿，最后将测量结果显示在显示屏上。

（2）仪器的使用。①将电极插头插入仪器的插口内，同时将仪器的测量/调零电源开关打到“测量”挡，溶氧/温度测量选择开关打到“溶氧”挡，盐度调节旋钮向左旋至底。②将仪器预热5min，同时配置好5%的新鲜亚硫酸钠溶液，然后把电极放入溶液中5min，观察读数不再波动时，调节调零旋钮，将仪器读数调至零。由于电极的残余电流小到几乎可以忽略，若没有亚硫酸钠溶液，则直接将仪器测量/调零电源开关打到调零挡，调节调零按钮，将仪器读数调至零。③将电极从溶液中取出，将电极头的残留溶液用水清洗干净，再用滤纸慢慢吸干薄膜表面的液体，置于空气中并观察读数不再波动时，使用跨度校准旋钮调节读数至纯水在此温度下饱和溶解氧值。④若被测样本成分中含有一定盐度（如氯化钠等），则需要在测量前进行盐度校准，校准好仪器后，将被测样品的盐度换算成以g/L作为单位表示的数值，把盐度校准调节器旋至相应的位置，完成盐度校准后，则可从仪器显示屏上得到溶氧值。

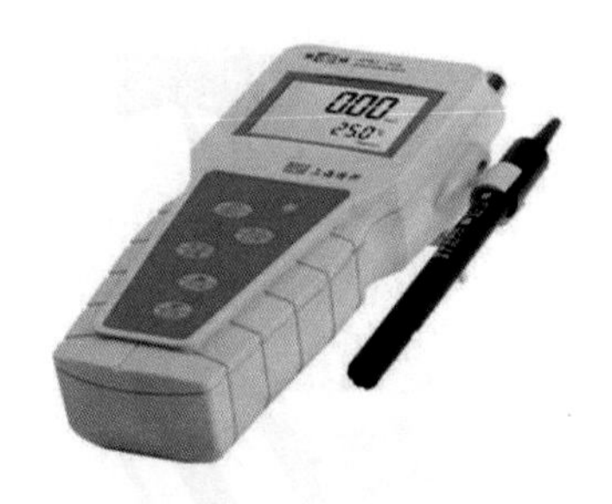

便携式溶解氧分析仪

★百度图库，网址链接：https://image.baidu.com/search/detail

（编撰人：漆海霞；审核人：闫国琦）

176. 便携式溶解氧分析仪如何维护？

（1）仪器维护。

①显示仪表的维护。若发现液晶屏显示部分的电子单元出现异常，请勿擅自拆解仪器，应送回工厂进行检查、维修。长时间不使用仪器，应拆下9F22型干电池，防止电池变质损坏仪器元器件。当正常使用时，若较长时间不进行测量操作时，应减少开机时间以延长电池寿命。间断工作的条件下，9F22型电池寿命大约30h。当仪表显示屏显示LOBAT，需更换新电池。

②氧电极的维护。氧电极的维护大致分为两部分：对电解液和薄膜进行定期更换，对电极进行定期清洗及再生。通常情况下，跨度调节电位器不能调节到所需读数时，则按上述步骤维护氧电极。

（2）溶解氧测量影响因素。

①盐度。氧分子溶解度会随溶液成分的改变而改变，在水中加入水溶物质如氯化钠，会改变溶液中的溶解氧浓度。在与氧分压常量气体平衡的含盐溶液中，随着盐度增加，氧的溶解度会减少。

②流速。测量溶解氧时，电极与被测溶液之间不可相对静止。若在实验室有其他仪器辅助，可采用电磁搅拌等搅拌器；或者在测量时轻轻晃动电极，但不可幅度过大，以免造成空气中的氧分子进入被测液体。

③温度。复膜氧电极有较大且非线性的温度系数，因此测量的精确度会受到温度变化的影响，本仪器虽然具有自动温度补偿能力，但既要满足高精度测量又要在很宽的温度范围内进行自动温度补偿，两者兼具对技术要求十分高。所以校准跨度时，应尽量使校准样品的温度与被测温度接近。

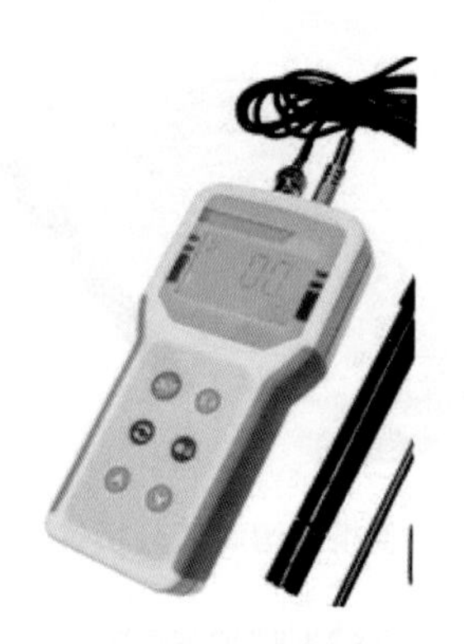

便携式溶解氧分析仪

★百度图库，网址链接：https://image.baidu.com/search/detail

（编撰人：漆海霞；审核人：闫国琦）

177. 便携式溶解氧测定仪如何操作？

（1）零氧标定。首先配制5%的新鲜亚硫酸钠溶液，将溶解氧电极浸入其中，当仪器处于测量状态下，按下“模式”按钮，使仪器进入模式选择状态，然后使用上下键选择“ZERO”模式，按“确定”键进入零氧标定功能状态，等待读数不再波动时按下“确定”按键，仪器退出“ZERO”模式状态，重新回到模式选择状态，零氧标定完成。

（2）满度标定。把溶解氧电极从溶液中取出，将电极头的残留溶液用水清洗干净，再用滤纸慢慢吸干薄膜表面的液体，然后用一容器盛满蒸馏水，将电极置于水面上方的位置，需注意不能让电极沾上水，将仪器设置为测量状态，按“模式”键，在“模式”栏中选择“Full”模式状态，可令仪器进入满度标定状态，然后观察读数，一旦读数不再波动后按“确定”仪器退出满度标定状态，满度标定完成。

（3）盐度标定。盐度值关系到溶解氧的值，因此需要对盐度值进行标定。仪器默认把盐度值设置为0.0g/L，但实际使用时要根据需要设置盐度值。令仪器处于测量状态，按“模式”键，进入选择状态，选择其中的“Salt”模式，即进入盐度标定功能状态。观察显示屏，屏幕上显示当前设置的盐度值，此时可以通过上下键修改盐度值，完成修改步骤后，按“确定”，则完成盐度校准设定，完成后仪器自动退出“Salt”模式。

（4）气压标定。大气压值会直接影响仪器测到的溶解氧值，因此需要对气压值进行标定。仪器默认把气压值设置为101.3Pa，但实际使用时要根据需要设置气压值。令仪器处于测量状态，按“模式”键，进入选择状态，选择其中的“Air”模式，即进入气压标定功能状态，观察显示屏，屏幕上显示当前设置的大气压值，此时可以通过上下键修改气压值，完成修改步骤后，按“确定”键，则完成气压校准设定，完成后仪器自动退出“Air”状态。

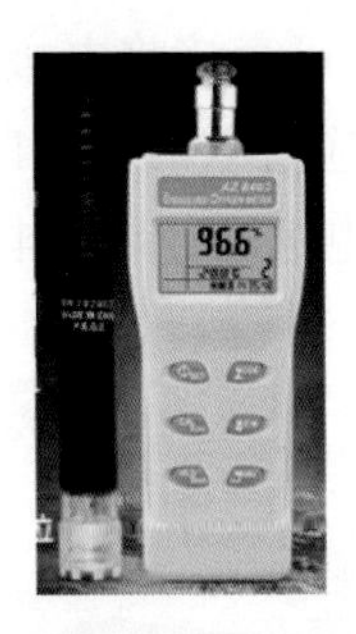

便携式溶解氧分析仪

★百度图库，网址链接：https://image.baidu.com/search/detail

（编撰人：漆海霞；审核人：闫国琦）

178. pH值测定仪如何使用与维护？

（1）配制KCl溶液。电极初次使用或长时间不使用后重新使用时，需要对电极填充液进行更换，并将电极浸泡于KCl溶液中超过2h，用以活化电极。注意事项：应保证电极尖端浸泡于KCl溶液中的部分超过2cm，若长度过短，活化电极可能失败。

（2）更换电极填充液。电极填充液每1～2个月需要进行更换。首先用注射器抽出填充液，然后使用少量新鲜填充液清洗电极腔内壁后再次抽出，再注射新鲜填充液至距填充孔1.5cm处。若经常测量强酸性、强碱性、含有有机溶剂或污染严重的样品时，每两周至少应更换一次填充液。每次更换完填充液，应将电极浸泡于KCl溶液中2h以上方可再使用。

（3）校正电极pH值。正常使用前，应校正电极1次。若电极的使用频率提高时，应增加pH值校正次数。为避免pH值校正缓冲液被污染，每次校正所使用的pH值缓冲液必须现用现配，每份缓冲液的使用次数不可超过5次。校正时样品和pH值校正缓冲液的温差必须小于或等于5℃，尽量使样品和pH值校正缓冲液置于同一室温下。校正方法为二点自动校正。

（4）测量样品。首先使用ddH$_2$O冲洗活化的电极，留在电极头的水滴使用纸巾吸附，切忌用纸巾擦拭电极头，避免静电产生导致有误差出现。注意事项：

在定标和测量，尤其是悬浮液体时，应采用磁力搅拌器。在样品和烧杯之间增加一道隔热板，目的是避免搅拌器将热量传给样品溶液。同时测量样品时，必须打开电极填充口。

（5）保养和维护电极。在每次使用后，应使用ddH$_2$O溶液彻底清洗电极头。使用频繁甚至每天使用时，可直接将电极浸泡于KCl溶液中。若长期不使用，为了避免电极头过于干燥，应将电极填充口封闭，同时用浸泡过KCl溶液的海绵塞入电机保护套中，然后将电极轻轻装入电极套中。

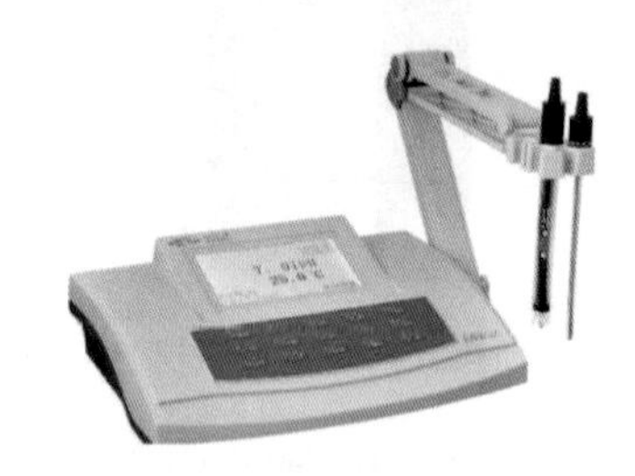

pH值测定仪

★百度图库，网址链接：https://image.baidu.com/search/detail

（编撰人：漆海霞；审核人：闫国琦）

179. 溶解氧测定仪如何校准？

溶解氧测定仪主要用于测定水体中溶解氧的含量，其工作原理是通过测量装置中化学反应产生的电流来计算水中溶解氧浓度，该电流主要由氧分子透过隔膜后在工作电极处被还原时产生的，其大小与溶解氧浓度呈正比例关系。

（1）校准的必要性。溶解氧的定义是溶解在水中的分子态氧含量，单位为mg/L。溶解氧的含量既是水体自净能力的一个标准，同时还关系水中生物的生存。一旦水体溶解氧值低于5mg/L，部分水生生物可能出现呼吸困难等症状。若不及时补充溶解氧，会导致厌氧菌的数量急剧增加，有机物加快分解，水体变黑发臭。

（2）校准技术。

①空气校准技术。溶解氧测定仪的测量对象是氧分压而非氧浓度。当水中的溶解氧处于饱和状态，测量水体上的氧分压即可得到水体中的氧分压。主要因为当水体表面上下氧分压处于平衡状态的时候，进入水体中的氧速率与逸回至空气当中的氧速率是对等的。由于氧电极对氧分压变化极为敏感，进入水体或者水体上面的空气，通过氧电极的分解将会产生一个相等的扩散电流，空气校准技术的

原理由上所述。

②空气饱和水校准技术。当外界温度与压力一定时，水体中的饱和溶解氧是一个确定的数值。可理解为饱和溶解氧由温度与压力确定。由此关系可以采取空气饱和水校准技术。添加适量的水进某容器中，利用空气泵连续地向水中鼓泡，持续时间超过1h，在鼓泡的同时放入电极，并且用机械设备搅拌水体。由于饱和溶解氧与温度相关，因此测量此时水体温度即可获得该温度下的溶解氧含量，通过该溶解氧含量校准仪器。

③化学法校准技术。在特定的温度之下，将电极浸入水体当中，同时用化学方法来测定水体的溶解氧含量，测得的具体数值作为标准仪器读数，化学方法主要是化学碘量法，具体操作方法与步骤不再详述。需注意的是使用化学法校准技术获得测量数值时，取样后必须要马上进行分析。

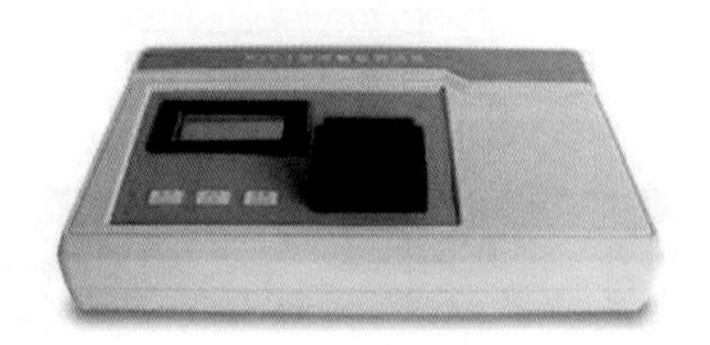

溶解氧测定仪

★百度图库，网址链接：https://image.baidu.com/search/detail

（编撰人：漆海霞；审核人：闫国琦）

180. 什么是耕水式增氧机?

耕水式增氧机直径长达3m，由三片巨大的扇叶构成，机器漂浮在水面上，三片巨大的扇叶不断地在缓缓转动，搅动四周水形成一个大大的圆圈。通过节能环保的耕水驱动方式把底层水体往上提升，在机器中心形成一种循环的上升水流，一层层将底层水体提上来接受阳光照射（杀菌消毒）和空气交换（溶解氧气），表层水和底层水形成置换和更新（打破水分层），使流动性差的水有效流动起来，整个水域呈现流动、稳定、平衡态势，从而持续优化水体水质。耕水机优点如下。

（1）节能环保，电机耐用，可工作时间长，可以48h连续工作，节省运营费用和管理费。

（2）无噪音污染，避免了电机工作产生的振动波对鱼、虾等苗体保护膜的损伤和造成易疲劳、厌食的养殖弊端。

（3）除污效果显著，无第二次污染，可进一步节省进水和排水等费用，还遏制养殖污水排放产生的面源污染。

（4）对增强养殖品种的体质和抗病能力有很强的作用效果，能够使水体保持其活力和生命力。

（5）净化环保、工作稳定、维护便捷的优点，成为耕水机家族中有显著节能效果的一个新品种。

耕水式增氧机在机器运转过程中同时完成搅水、增氧、混合、曝气等功能，它效率高，其增氧能力、动力效率均优于其他机型，一般使用于水深超过1m的养殖面积大的池塘养殖。适用于养鱼、养虾、养鳗、养殖海参、养鲍鱼等。特别适合于工厂化养殖，特种水产养殖和仅有照明电源无三相电源地区的养殖池使用。

耕水式增氧机

★百度图库，网址链接：https://image.baidu.com/search/detail

（编撰人：漆海霞；审核人：闫国琦）

181. 耕水机如何安装？

（1）耕水机的结构。①防护罩由玻璃钢材料制作，主要是保护机电传动结构不被日晒雨淋造成生锈腐蚀。②机电结构均由抗腐蚀材料组成，它的作用是将输入的电能转变成动能，驱动浮杆转动，实现能量的转变。③浮杆由玻璃钢材料制作，承担耕水机在水中的部分浮力，并能带动耕板旋转，完成对水体的耕动功能。④耕板由铝合金材料制作，通过旋转，完成对水体的耕动功能。⑤固定拉杆由不锈钢管制作，平衡机电结构的旋转力矩，保持力的平衡，使耕水机机电结构在水面上保持静止。⑥浮球由塑料材料制作，承担着耕水机在水中的部分浮力。

（2）耕水机的工作原理。耕水机根据流体力学的原理研制出来，以“四两拨千斤”、小功率耕动大水体的工作方式运行。它以极低能耗的输入，驱动浮杆和耕板转动，使水产生大范围的循环运动，表层水以耕水机为中心缓缓向四周流动和扩散，底层水源源不断地提升进行补充，从而形成涌升流，在涌升流的作用下，表层水和底层水形成置换和更新，不断循环上述过程。整个水域呈现流动、稳定、平衡的态势，体现了“流水不腐”的概念。

（3）耕水机的安装。在安装前，首先要对照目录检查各个部件是否完整齐全，且性能是否良好，然后才能对其进行安装。必须注意的是，耕板的安装方向一定要保证正确，耕板的折弯方向应与耕水机的旋转方向一致。按照说明书的安装方法就能迅速地将其组装完毕。在耕水机下水前，要将固定设备的绳子固定在拉杆的活动套环上并将有防水电缆一头的绳子与防水电缆扎在一起。

耕水机

★百度图库，网址链接：https://image.baidu.com/search/detail

（编撰人：漆海霞；审核人：闫国琦）

182. 耕水机对水产养殖有哪些功效？

（1）能促进水体中有益藻类和浮游生物的繁殖生长，使天然饵料增加，节约投放饵料20%以上。

（2）有效分解沉积的残饵、淤泥、蜕壳、藻类和排泄物等有害物质，提高底质，活化和改善沉积物的生态功能。

（3）有效促进水循环，减少水中溶解氧的消除，温度和盐度分层，稳定池塘水质，提高池塘生态功能的优化，减少应激反应，有利于水产品的生长，提高水产养殖的经济效益。

（4）无噪声污染，可避免因电机工作产生的振动波对鱼、虾等苗体保护膜的损伤和造成易疲劳、厌食的养殖弊端。

（5）有效提高养殖品种的体质和抗病能力。通过多次试验，证明养殖的水塘可以延缓病害的发生，当周围的养殖品种都受到影响的时候，一些池塘也阻碍了疾病的产生直到繁殖成功。

（6）省电。25～60W耕水机的超低能耗相当于一个灯泡的功耗，由此产生的增氧效果为农民节省了40%～80%的电费。省药：使用耕水机后，由于底泥的减少和氧气的增加，水质变得健康稳定，因而可不用或减少用药70%以上。省饵料：在耕水机的作用下，水体中的有益藻类和浮游生物加速繁殖，成为鱼类和虾类的天然食物。根据试验结果，在同样产量的情况下，可节约饵料10%以上。提高产量：使用耕水机显著改善了鱼塘的生活环境。水产养殖品种的产量显著增加，且个体大、活力强，质量好，价格高。销售价格比传统养殖提高10%～50%，水产业收入稳定增长。

（7）少底泥。大量养殖试验证明，大多数长期使用耕水机的池塘没有底泥淤积。与传统养殖方法相比，池塘底泥的平均厚度可减少5cm以上，且养殖品种的“霉味”“土腥味”明显减少。少污染：能够使水体中的有害物质大大减少。通过减少底泥厚度和化学药品的投放，大大降低了水产养殖废水的污染负荷，有效减少了养殖污水对江河、湖泊和海洋的二次污染。

耕水机

★百度图库，网址链接：https://image.baidu.com/search/detail

（编撰人：漆海霞；审核人：闫国琦）

183. 耕水机有哪些注意事项？

（1）注意事项。一般在使用耕水机时，可以一天24h都开启。虽然耕水机在工作过程中有增加氧气的功能，但如果遇到特殊的天气，比如阴雨、气压低等或溶解氧状况不足时，建议您开启其他增氧设备。

由于耕水机是不断地耕动水体，底质比较差的池塘如果中途使用耕水机的话，可能会在15d以内导致养殖水体混浊度增加，所以，一般在养殖投苗10d前就开始使用此机器，也就是先净化水质，然后再来养殖，这样才能达到事半功倍的效果。

为了确保养殖者的人身安全，在耕水机工作时切不可乘坐浮物到耕水机跟前观察，同时也不得有人下水并靠近耕水机，以免发生事故。

（2）故障排除。耕水机在运行过程中，如果浮杆一边下沉，说明一边固定绳桩过低，将下沉一头的木桩再往高处移，直到使耕水机水平运行在水面上为止。

如果发现耕水机不工作了，首先要检查控制器上面的过载保护器是否跳闸。跳闸的原因主要是由于负载过大或者缺相造成的。转动浮杆，检查是否有东西卡住；如发现电缆线缺相了，要马上将电缆线重新接好。若设备还是不转，就要检查减速机。一手拉住拉杆，一手用力旋转浮杆，看是否灵活正常，否则就要更换减速机。

（3）耕水机维护与保养。耕水机若长期不用，可放置在室内。在日常的维护保养中，可将耕水机各部分拆下来，清洗干净后，检查浮杆是否磨损，耕水板是否变形，最后检查浮球是否进水。无论哪个部件出了问题都要及时更换，以确保耕水机正常运转。

由于节能环保、增产增效、稳定水质、改善底质等诸多的优点，耕水机已被广泛应用于全国的各种水产养殖业。

耕水机

★百度图库，网址链接：https://image.baidu.com/search/detail

（编撰人：漆海霞；审核人：闫国琦）

184. 什么是活性炭过滤器？

一种罐体的过滤器械，外壳一般为不锈钢或者玻璃钢，内部填充活性炭，用来过滤水中的游离物、微生物、部分重金属离子，并能有效降低水的色度。

活性炭过滤器是一种较常用的水处理设备，作为水处理脱盐系统前处理能够吸附前级过滤中无法去除的余氯，可有效保证后级设备使用寿命，提高出水水质，防止污染，特别是防止后级反渗透膜，离子交换树脂等的游离态余氧中毒污染。同时还吸附从前级泄漏过来的小分子有机物等污染性物质，对水中异味、胶体及色素、重金属离子等有较明显的吸附去除作用，还具有降低COD的作用，其功能如下。

（1）活性炭吸附过滤器缸体采用水力模拟长径设计，采用合理的粒径，比表面积大于1 000m^2/g的高效活性炭，使其既有上层特效过滤又有下层高效吸附等功能，大大提高水质净化的程度和碳的使用寿命。

（2）经HG活性炭吸附过滤器处理后水质余氯含量：≤0.1mg/L。

（3）对水体中异味、有机物、胶体、铁及余氯等性能卓著。

（4）降低水体浊度和色度，净化水质，对后续系统（反渗透、超滤、离子交换器）等的污染也有较好的效果。

活性炭过滤器

★百度图库，网址链接：https://image.baidu.com/search/detail

（编撰人：漆海霞；审核人：闫国琦）

185. 活性炭过滤器如何进行过滤?

（1）工作原理。活性炭的吸附原理是：在其颗粒表面形成一层平衡的表面浓度。活性炭颗粒的大小也影响吸附能力。一般来说，活性炭颗粒越小，过滤面积就越大。因此，粉末状的活性炭总面积最大，吸附效果最好，但粉末状的活性炭很容易随水流入水箱中，难以控制，很少采用。颗粒状的活性炭因颗粒成形不易流动，水中有机物等杂质在活性炭过滤层中也不易阻塞，其吸附能力强，方便携带和更换。

活性炭过滤器压力容器是一种内装填粗石英砂垫层及优质活性炭的压力容器。在活性炭颗粒表面形成一层平衡的表面浓度，再把有机物质杂质吸附到活性炭颗粒内，使用初期的吸附效果很高。但时间一长，活性炭的吸附能力会不同程度地减弱，吸附效果也随之下降。如果水族箱中水质浑浊，水中有机物含量高，活性炭很快就会丧失过滤功能。所以，应定期清理或更换活性炭。

（2）吸附原理。活性炭是一种非常小的炭颗粒，具有较大的表面积，并且炭粒中还有更细小的孔（毛细管）。这种毛细管具有强大的吸附能力，由于炭粒的表面积非常大，所以它可以完全暴露于气体（杂质）与气体（杂质）充分接触。当这些气体（杂质）遇到毛细吸附时，会产生净化效应。研究活性炭表面积非常重要，只有采用BET方法检测出来活性炭的表面积检测数据结果才是真实可靠的，国内有很多设备只能作出直接比较的检测方法。

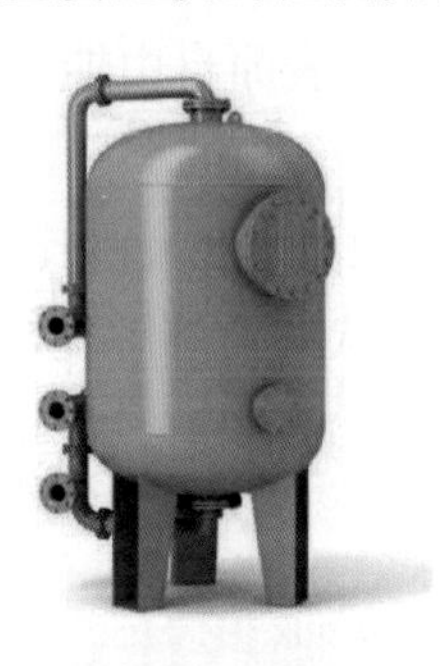

活性炭过滤器

★百度图库，网址链接：https://image.baidu.com/search/detail

（编撰人：漆海霞；审核人：闫国琦）

186. 活性炭过滤器的影响因素有哪些？

（1）工艺。活性炭过滤器主要用于去除水中有机物、胶体硅、余氯（Cl_2）等，对臭味、色度、重金属离子有较强的吸附能力。饮料行业使用净水炭来改善产品的口感。

活性炭过滤器主要用于矿泉水、各种纯水工艺、游泳池和其他工艺中水质净化作用。具有除臭、除异味、去除水中氯离子等有机物功能。外壳采用不锈钢或碳钢制，填料采用净水活性炭。

活性炭过滤器按工艺和包装形式分为罐式和管式两种。罐式直接采用活性炭颗粒，下铺石英砂，出水效率高，但再生相对较麻烦。管型是将活性炭颗粒加入黏合剂中，如加热烧结，使用和再生更方便。

（2）功能。活性炭过滤器的工作是通过炭床来完成的。构成炭床的活性炭颗粒具有非常多的微孔和巨大的比表面积，具有很强的物理吸附能力。活性炭通过炭床有效吸附水中的有机污染物。此外活性炭表面非结晶部分上有一定的含氧管能团，可以通过活性炭有效吸附碳床水中的有机污染物。活性炭过滤器是一种常用的水处理设备，作为水处理脱盐系统前处理可有效保证后级设备使用寿命，提高出水水质，防止污染，特别是防止后级反渗透膜，离子交换树脂等的游离态余氧中毒污染。

（3）影响因素。

①活性炭吸附剂表面积越大，吸附能力就越强；活性炭是非极性分子，易于吸附非极性或极性很低的吸附质；活性炭吸附剂颗粒的大小、细孔的构造和分布情况以及表面化学性质等对吸附也有很大的影响。

②吸附性能取决于其溶解度、表面自由能、极性、吸附质分子的大小和不饱和度、吸附质的浓度等。

③废水pH值，活性炭一般在酸性溶液中比在碱性溶液中有较高的吸附率。pH值会影响吸附质在水中存在的状态及溶解度，从而影响吸附效果。

（编撰人：漆海霞；审核人：闫国琦）

187. 活性炭过滤器运行有哪些注意事项？怎样进行日常维护保养？

（1）运行注意事项。

①入床水浑浊度。床水的高浊度将为活性炭过滤层带来更多杂质。这些杂质被截留在活性炭滤层中，并堵塞滤池间隙及活性炭表面，阻碍其吸附效果的发挥。长期运行下去，造成活性炭老化失效。所以进入活性炭过滤器的水，最好把浑浊度控制在5mg/L以下，以保证其正常的运行。

②反洗周期。反洗周期的长短是关系到滤池效果好坏的主要因素。反洗周期过短，浪费反洗水；活性炭吸附效果受过度反洗的影响。一般来讲，当入床水浑浊度在5mg/L以下时，应4～5d反洗一次。

③反洗强度。在活性炭过滤器反洗中，过滤层的膨胀率对过滤层是否彻底洗净有很大影响。滤层膨胀过小，下层的活性炭悬浮不起来，其表面冲洗不干净；当膨胀过大，容易跑炭。在运行中一般控制其膨胀率为40%～50%。反洗强度13～15L/（m^2·s）。

（2）日常维护保养。

①过滤器必须每天进行反洗、静止分层、正洗过程。砂炭过滤器确保出水浊度（SDI）≤4。

②定期检查电气控制系统，确保设备正常运行。

③定期更换罐体滤料，并建议每6个月更换一次砂炭。当砂滤器用于正常运

行时，可以根据出水浊度的SDI值确定是否需要更换过滤器材料。当SDI≥4时，建议更换；碳滤器可由氯离子检测试剂测出水中余氯含量决定滤料更换周期，一般8～12个月更换一次。

④定时定期检查各管道及阀门是否渗漏，并每4h记录各运行参数一次。

活性炭过滤器

★百度图库，网址链接：https://image.baidu.com/search/detail

（编撰人：漆海霞；审核人：闫国琦）

188. 水净化设备由什么组成？

水净化设备（反渗透）是一种借助于选择透过（半透过）性膜的压力能以压力为推动力的膜分离技术，当系统中所加的压力大于进水溶液渗透压时，水分子不断地透过膜，经过产水流道流入中心管，然后在一端流出水中的杂质，如离子、有机物、细菌、病毒等，被截留在膜的进水侧，然后在浓水出水端流出，从而达到分离净化目的。主要有如下系统组成。

（1）预处理系统。通常包括原水泵、加药装置、石英砂过滤器、活性炭过滤器、精密过滤器等。其主要功能是降低原水的污染指数和其他杂质如余氯，达到反渗透的进水要求。预处理系统的设备配置应该根据原水的具体情况而定。

（2）反渗透装置。主要包括多级高压泵、反渗透膜元件、膜壳（压力容器）、支架等组成。其主要功能是去除水中的杂质，使出水符合使用要求。

（3）后处理系统。是在反渗透不能满足出水要求的情况下增加的配置。主要包括阴床、阳床、混床、杀菌、超滤、EDI等其中的一种或者多种设备。后处理系统可以提高反渗透的出水水质以满足使用要求。

（4）清洗系统。主要有清洗水箱、清洗水泵、精密过滤器组成。当反渗透系统对排水指标不满意时，有必要清洗反渗透以恢复其功效。

（5）电气控制系统。利用仪表盘、控制盘、各种电器保护、电气控制柜等设备来控制整个反渗透系统正常运行。

活性炭过滤器

★百度图库，网址链接：https://image.baidu.com/search/detail

（编撰人：漆海霞；审核人：闫国琦）

189. 水质改良机有哪些功效？

（1）水质改良机的功能在池鱼生长季节，采用水质改良机械吸出过多淤泥或在晴天中午翻动塘泥，用水质改良机将部分淤泥吸出，降低耗氧量，并及时将优质有机肥料提供给池边饲料。也可在晴天中午用水质改良机将淤泥喷至池水的表层，来回拖拉搅动塘泥以促进淤泥中的有机物氧化分解，减少夜间下层水的实际耗氧量，防止池鱼浮头。

（2）及时搅动池塘养殖期的底部（一般每2个月搅动1次），可以促使池水上下混合，加速有机物的分解，并在池塘底部再次释放吸附的营养盐类和微量元素，这一措施对促进池水浮游生物的生长繁殖防止池水老化和改善池塘浮游生物的组成都有显著效果。

（3）水质改良机有抽水、吸出塘泥、将塘泥喷向水面、喷水增氧等功能，在减少池塘淤泥的氧气消耗，充分利用池塘淤泥，改善水质，预防池鱼浮头方面的作用优于叶轮式增氧机，能一机多用（抽水、增氧、喷泥），有待于向自动化方向发展。

（4）水质改良机在养鱼季节的安全使用。在晴天中午开机并移动时，从吸水口进入的水流和吸泥口吸上的淤泥，搅拌混合成泥浆，然后经流体通道进入泵体，再经输流管到喷头，将泥浆喷至空中。这样，可促使淤泥中的有机物及其中间产物在空气中氧化分解，并去除对池鱼有害的气体；泥浆落于上层富氧水中进一步氧化分解。从而达到白天偿还“氧债”，减少淤泥夜间耗氧量，从而避免或缓解早上池塘鱼的浮头现象；同时也增加了水中的营养盐类，促进浮游生物大量繁殖和生长。

（5）当机器处于选定的某一水中位置而不移动时，开动机器可抽吸底层低温贫氧水并喷射至空气中，成为喷水式增氧机。清晨开机，增加水体溶氧，防止池鱼浮头；多晴天中午开机，促使上下层水体对流，增加底层水溶氧，亦起到偿还氧债的作用，而且有助于促进上层水中浮游植物的光合作用。

水质改良机

★农机360网，网址链接：http://www.nongji360.com/

（编撰人：漆海霞；审核人：闫国琦）

190. 风光耕水机是什么?

（1）耕水机是用物理的方法充分利用大自然的能量——风能、太阳能及被激活的水底生物净化水体、重建水生态的机械装置。它巧妙利用流体的特性，通过极低的能量输入驱动水流产生各种运动和循环，表层水以耕水机为中心缓缓向四周流动和扩散，底层水源不断地提升进行补充，然后形成涌升流，在涌升流的作用下，表层水和底层水形成置换和更新，不断重复以上过程。

（2）由于水域形成流动和循环，太阳、风及被活化的水底生物能等大自然的能量，被有效地利用，通过曝气、空气接触、紫外线照射、藻类光合作用等途径，增加整个水体的携氧能力，水底缺氧状态彻底改变；浮游生物加速繁衍；水体氨氮、亚硝酸盐，硫化氢、大肠杆菌等有害物质得到有效减少或消除；COD、BOD大幅降低。有效地遏制了水质腐败现象，改善了水产养殖产品的生长环境。

风光耕水机

★中国制造网，网址链接：http://cn.made-in-china）com/.html

（编撰人：漆海霞；审核人：闫国琦）

191. 网箱饲料投饲机如何使用？

将投饲机安装在池塘上风位，搭架长度距离塘边约3m，距离池水表面高约为1m，通常每公顷安装一台投饲机。保证安装的平衡，固定后用螺丝拧紧机脚。

喂料技术主要包括喂料量、喂料频率、喂料时间及喂料方式等。传统的“四定”（定时、定质、定位、定量）“三看”（看天气、看水质、看鱼情）是对该技术的高度概括。

（1）喂料量。饲料量随着鱼在水中的数量而变化。它受饲料质量、鱼的种类、鱼体大小和水温、溶氧等环境因子以及管理水平等因素的影响。

①质量好的饲料由于利用率较高，鱼类适合，可以减少饲料量，否则应该增加喂料量。

②鱼的种类以“吃食鱼”为主的养殖区应比以“肥水仔”为主的养殖区多投些；摄食量大，争食力强多的养殖区，投喂多些，否则应少投。

③鱼处在幼鱼阶段时，新陈代谢强，生长迅速，需要较多的营养，以后随个体数量增多，所需营养和食物相对减少；鱼类是变温性水生动物，一般情况，摄食量随水温的升高而增加；溶氧亦是影响鱼类新陈代谢的主要因素之一，水中溶氧越高，鱼类摄食量越旺，消化越快，投喂量应增多。

（2）喂料频率及时间。由于我国淡水养殖类以鲤科“无胃鱼”为主，放鱼一次容纳的食物不宜过多，应采用“少量多次”的投喂方式，考虑到人力及养殖规模等方面的因素，建议每天饲养2～3次，投喂时间一般以早上8:00—9:00开始，16:30—17:00结束，每次投喂时间把握在20～30min。总之应遵循“四定”原则，投喂在向阳、浅滩处，依照“三看”灵活把握投喂次数及时间。

网箱饲料投饲机

★慧聪360网，网址链接：https://b2b.hc360.com.html

（编撰人：漆海霞；审核人：闫国琦）

192. 气动式投饲机如何使用？

气动式投饲机采用气动原理，通过长距离传动送料，由电机利用吸气原理将饲料吸进抛料盘实现360° 抛撒饲料。该机输送饲料距离远，投饲面积大，工作效率高，节约饲料，节省人工成本，安装方便，抛撒均匀，定时、定间隔、模拟人工抛撒等特点，对科学养鱼，降低劳动强度，提高饲料的利用率，具有积极意义。

该机由料箱、机架、投饲机构（主电机、抛料机、外壳等组成）、分料机构（分料电机、便心连杆、送料振动盒组成）、调整手柄及锁紧螺母、电器控制盒等组成。主要结构特点如下。

（1）投饲机工作时，料箱内的饲料通过振动分料机构将饲料均匀地抖进抛料盘，抛料盘在主电机的离心力作用下，把饲料迅速均匀地送入鱼塘。

（2）通过调整手柄和锁紧螺母可对落料量进行控制，利用电器控制电机的工作时间，实现定时、定量、定点投喂颗粒饲料。

（3）该机结构简单、运行可靠、维修方便、性能稳定、落料精确可调、节约饲料、投饲面积大、省工省力、减轻劳动强度，有利于科学管理鱼塘。

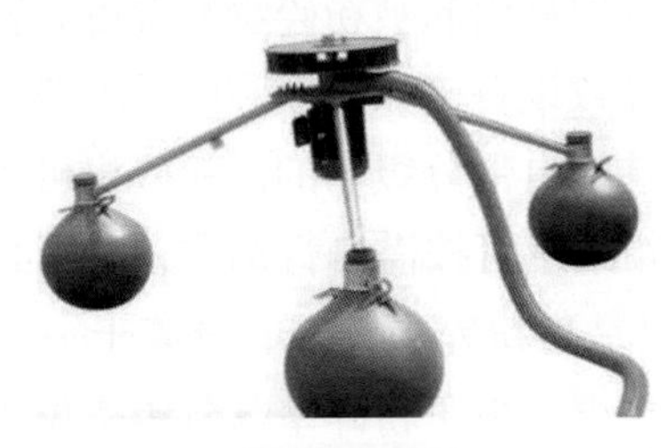

气动式投饲机

★慧聪360网，网址链接：https://b2b.hc360.com.html

（4）外壳材料。钢板材料户外静电喷涂耐高温防水，耐酸碱，外壳耐100℃以上高温，不易变形，物理性能韧性极强，不易老化折断，无生锈漏电缺陷，防雷、防漏电。

（5）整体结构。开模设计，工业化批量生产，零部件标准化，性能稳定，无漏水，无漏料。

（6）控制电路。全密封设计，防水防尘，定时精确，操作简单。

（编撰人：漆海霞；审核人：闫国琦）

193. 粉碎设备如何选择？

（1）一般生产普通鱼饲料时，所需原料粒度为40～60目，但生产特种水产颗粒饲料（虾料、鳗料、鳖料等）时，所需原料粒度必须达80目以上。原料的粉碎粒度决定了饲料组合物的表面积，粒度越细表面积越大，制粒前吸收蒸气中水分能力强，利于调质和颗粒成型，使颗粒料有良好的水中稳定性，同时可延长在水产品体内的停留时间，吸收效果好，可提高饲喂回报，减少水质污染。为了达到所需的粉碎粒度，以前常用的锤片式粉碎机已不适用于鱼饲料的生产。

（2）目前国内外流行的“水滴式”粉碎机是20世纪90年代欧美发达国家推出的一种新型的粉碎机，该机充分挖掘卧式粉碎机的优点，并采用独特的设计理念，一台粉碎机可形成两种锤筛间隙，分别运用于普通粉碎和细粉碎，粉碎粒度更均匀，细粉碎的粒度符合普通鱼饲料的生产要求。该机型投入市场后，深受饲料生产商的青睐。

（3）水产饲料的微粉碎常采用二次粉碎工艺，即先粗粉碎后微粉碎，其中第二次微粉碎，过去较多饲料厂是采用微粉碎机加微细分级机来达到需要的粉碎粒度。这种工艺占地面积大，通过更换不同孔径的筛板并调整系统的风量可以决定粉碎颗粒的大小，并且容易引起被粉碎物料温度急剧上升，营养成分遭到破坏，经常发生堵筛现象，导致设备诸如磨损和能量浪费之类的问题。若选用无筛微粉碎机可排除筛板的影响，自带分级器的微粉碎机可省掉回料处理，料温低、节省电力消耗、产量高，粗细度可按需自行调节，也不必另行配套微细分级机。

（4）立轴式微粉碎机是集粉碎与筛选、分离于一身的微粉碎设备，可满足特种水产饲料的粉碎粒度要求。由于粉碎室与分级室位于同一机体内部，因此该装置可同时完成粉碎、风力筛选、分离、再粉碎过程，能有效地防止过粉碎。内藏高精度微米级风力分级，粉碎粒并可达60～200目，并可进行任意调整。被粉碎的物料升温慢，特别运用于热敏性物料。整个工艺流程结构紧凑，占地面积小，吨料用电量低，产品粒度均匀且产量高，是生产特种水产饲料的理想之选。

立轴式粉碎机

★慧聪360网，网址链接：https://b2b.hc360.com.html

（编撰人：漆海霞；审核人：闫国琦）

194. 浮水颗粒设备如何选择?

饲料膨化技术主要用于特种水产饲料、宠物饲料和其他动物饲料的生产。膨化饲料除具有一般全价颗粒饲料的优点外，还具有能提高饲喂动物的消化吸收率，能有效预防动物消化道疾病。膨化饲料不仅因为淀粉的胶凝糊化作用可以适用于淀粉、脂肪含量较高的物料，因为高温、高压熟化作用，消毒、杀菌作用更明显，适用性强，能通过膨化的饲料资源更广泛。

膨化机由喂料系统、传动系统、挤压系统、出料模具和电气控制系统组成。调质好的物料进入螺杆挤压区，由于挤压区容积沿轴线逐渐变小，物料所受到的压力逐步增大，其压缩比可达4～10。物料被螺杆挤压推动，同时伴随着强烈的剪切与摩擦作用，压力和温度急剧上升，物料在高温、高压的作用下，其中的淀粉能基本上完全糊化，蛋白质部分变形。当物料被极大的压力挤出模孔时，由于突然离开机体进入大气，温度和压力骤降，在压差、温差的共同作用下，饲料体积迅速膨胀，物料发生闪蒸，即水分迅速蒸发，脱水凝固，然后通过定制的出料模达到需要的各种形状和结构，就制成了膨化颗粒饲料。

另外还有一种膨胀器，产量更高，是一种作用制粒前调质处理的设备，与膨胀机类似，经膨胀处理的材料与膨胀材料具有相同的优点，但生产水产饲料一般都需要再经制粒加工。现在国内饲料厂选用的膨胀器主要结构类似于膨化机。区别在于：①膨胀器的出料口开度可在一定范围内任意无级调节（膨化机对某一特定的出料模具来讲，是不可调节的）。②正是由于①的特点可使螺杆对物料的挤压力在一定范围内调整，因而可根据需要生产各种不同膨胀率的各种膨胀材料。③膨胀器可以直接生产膨胀粗屑料，也可用制粒前的热处理专用设备生产膨胀颗粒料。

浮水颗粒设备

★农机360网，网址链接：http://www.nongji360.com.shtml

（编撰人：漆海霞；审核人：闫国琦）

195. 负压式管道投饲机的优势是什么？

（1）节省时间，人力和劳力，更好地调节资源分配。

（2）投料速度快，每台设备每小时可投饲料300～500kg，而且投放面积大、投料均匀，不用担心鱼、虾饲料不足。

（3）适用于各种饲料，适合膨化料、颗粒料及软粒料等鱼虾料的投放。

（4）调节灵活方便，饲料量可根据鱼类养殖面积大小，鱼类种类和生长周期的不同进行调整，能在适合的时间内让鱼吃到充足适量的饲料，确保鱼生长得更快、更大。

（5）饲料可以喷360°喷洒，抛料直径在16～60m范围内，能有效避免鱼类抢食而导致缺氧、受伤和个体不整齐现象。

（6）可调整饲料配料时间，充分利用饲料，有效减少饲料溶解使水质浑浊的现象，改善水质，保护环境，促进鱼类生长。

（7）通过输送管道把鱼料送到鱼塘10～60m的鱼塘进行喂食，确保鱼都可以吃到饲料。

（8）移动很容易，喂食机可放置在靠近鱼塘的饲料室内，它很容易使用。该机器易于移动，不会仅限于在一个地方喂养。

（9）产品机箱采用户外粉末喷涂，使用寿命长。

负压式管道投饲机

★酷易搜网，网址链接：http://www.kuyiso.com/.html

（编撰人：漆海霞；审核人：闫国琦）

196. 混合设备如何选择?

（1）混合机是饲料厂的关键设备之一，配料混合系统是整个饲料厂的重要组成部分，搅拌机的性能及其使用效果直接影响饲料厂的生产效率和产品质量。一般饲料厂所使用的混合机仍然是传统的叶带卧式螺旋混合机，这种混合机混合周期较长，混合均匀度已不适合生产水产饲料。

（2）近年随着高性能电脑、配料秤、电子技术的迅速发展，其性能优于普通电脑配料秤，配料精度高，特别是配料周期已逐渐缩短为2min左右。因此在配料混合工段选用较为理想的混合机，应该是混合机的生产周期与配料秤相等或相近，以保证配料混合系统配比准确、混合质量高并能正常运行，使该工段的生产率达到最佳状态，从而有效地确保混合效果，提高产量，降低成本。从这个角度来看，传统的叶带卧式螺旋混合机已无法与更先进的电脑配料秤结合使用，在饲料厂配料混合的这一重要环节上，明显地阻碍了生产率的提高。

（3）综上所述，生产水产饲料最好选用卧式双轴桨叶混合机，这种双轴桨叶高效混合机运用全新的混合机制来达到所需的混合均匀性。该机利用瞬间失重原理，使物料在机体内受机械作用而产生全方位复合循环，广泛交错无死角，从而达到均匀扩散混合，整个混合过程温和，不会破坏物料的原始物理状态。高混合均匀性，最佳混合时间30～120s，可变负载范围。排料采用底部卸料，开口结构大，排料快，无残留；出料门密封可靠，无漏料现象；出料控制可按需采用电动或气动两种形式。机内装有液体添加管，可添加油脂等液体，主要添加大豆油、菜籽油和鱼油，添加目的一是增加饲料能量值，使鱼、虾长得更肥满。二是加强对水溶性维生素的保护，油脂添加量可根据水生动物的品种与饲料成分的种类来确定。

混合机

★一步电子网，网址链接：http://www.kuyibu.com/.html

（编撰人：漆海霞；审核人：闫国琦）

197. 颗粒饲料投饲机如何饲养鲶鱼?

（1）池塘选择。选择面积分别为8.5亩、7.4亩，水深1.8m，淤泥不超过15cm的池塘两只。水源充足，水质清新无污染，具有独立的进、排水系统，每只池塘配备0.12kW的颗粒饲料投饲机1台，3kW叶轮式增氧机1台。

（2）清整施肥。每亩用125kg生石灰清理池塘、消毒、除野，7d后注入70cm水（用60目聚乙烯网过滤），同时每亩水面施300kg发酵好的鸡粪，5d后施5kg过磷酸钙，使水质更加肥沃，为鱼种提供丰富的浮游生物及有机碎屑等适口饵料。

（3）颗粒饲料投饲机的安装。颗粒饲料投饲机安装在水面开阔、背风向阳、地基紧实、电力方便的塘埂，每只池配备1台。

（4）鱼种放养。鱼种来自浙江省淡水水产研究所，平均规格50g/尾，为体质健壮、无病无伤的冬片鱼种，亩放1 000尾，另搭配50g/尾白鲢100尾、100g/尾花鲢50尾、50g/尾银鲫100尾。鱼种放养前用10mg/L漂白粉、8mg/L硫酸铜合剂浸洗15min。

（5）驯化投饵。饵料选用配方合理、粒径大小适口的鲶鱼专用膨化饵料，其粗蛋白含量为32%～38%，粒径为2～4mm。鱼种下塘后2d内不投饵，使其饥饿难耐，迫使其主动摄食。第3d开始投饵驯化，具体驯化方法是：投饵前，敲击木桶、木板等，发出固定的音响信号，大约过3min开动投饲机，使鲶鱼在音响信号条件下吃到饵料，逐渐形成上浮抢食习惯。驯化期间，每天投饵3～4次，每次30～40min。驯化10d后，进入正常投饲，每天投喂2次。投喂时间分别为上午8:00—9:00，15:00—16:00，投饲应坚持“二定”（定时、定量）和“四看”（看天气、看水温、看水质、看鱼的吃食情况），每次以鱼吃八成饱为度，投饵频率按“慢、快、慢”进行。每10d根据鱼的生长情况调整一次日投饵量，一般为鱼体总重的2%～5%。

投饲机

★中国化工仪器网，网址链接：http://www.chem17.com/.html

（编撰人：漆海霞；审核人：闫国琦）

198. 颗粒调质与成型设备如何选择?

（1）为了生产水产饲料，需要有高度的糊化度和水中稳定性，此时，调节条件必须加强。在满足水分和温度的前提下，采用的办法只能是延长调质时间。最常见的设备就是制粒前的多道调质器，调质器一般为三道，它的结构基本与单调相同，采用的是加长双层夹套调质器。

（2）该调质器用于制粒前熟化，能确保饵料充分糊化，提高饵料的耐水性，并且水中的稳定性通常超过2h。随着物料调质时间的延长，物料和蒸汽可以充分均匀地混合，并在高温下发生淀粉糊化和蛋白质变性，糊化度提高增强了颗粒内部饵部的黏结力，杀死了沙门氏菌等多种有害菌，且颗粒外表光洁，不易被水侵蚀，既提高了颗粒在水中的稳定性，又提高了饵料的适口性与消化率，保证了鱼、虾有较长的摄食时间，同时也防止了水质污染。所以生产水产饲料，采用多道调质器才能保证一定的产品质量。

（3）另外，由于甲鱼、对虾、螃蟹、水貂等水生动物对淀粉糊化度和耐水性要求更高，需要有更强的调质措施。最常用的方法是在制粒后增加熟化设备，在制粒机和冷却器之间增加一后熟化器，使颗粒饵料进一步保温完全熟化，再进入冷却器冷却，避免颗粒饵料外熟内生现象，可大大增加饵料的生物利用率。

（4）可选用的设备有颗粒稳定器，该设备就是把刚制出来的颗粒马上进行保温处理，因为颗粒饵料出模时温度可达85℃左右，让热颗粒在高温、高湿下持续一段时间，使颗粒饵料中淀粉充分糊化，蛋白质充分变性，特别是表面的淀粉完全糊化硬结，提高了耐水性。另有一种稳定冷却组合机包括稳定和冷却两部分，稳定后的颗粒通过摆式排料机构到冷却部分，冷却部分采用逆流冷却原理，即冷却风流方向与料流方向相反，从而使颗粒料顺向逐步冷却。对只能生产畜禽料的饲料厂，在没有足够的空间加入熟化器的情况下，必须使用多道加长调质器用以加强制料前的物料调质来生产特种水产饲料。

颗粒调质机

★百度图库，网址链接：https://image.baidu.com/search/detail

（编撰人：漆海霞；审核人：闫国琦）

199. 投饲机有哪些使用注意事项？

投饲机以功率来分主要有70W、90W、110W、120W 4种，其中以90W和110W居多。这两种功率的投直径2.5mm的料，投饲面积可达100m²左右，可供10～15亩的塘鱼吃食。70W的投饲面积可达70m²左右，可供10亩左右鱼塘使用，120W的投饲面积可达130m²左右，可供15～20亩的鱼塘使用。选择使用投饲机应该注意以下几个方面。

（1）购买投饲机时，投饲面积是主要考虑的因素，投饲机的投饲面积和饲料的直径有关，相对来说直径越大，容重越大，投饲面积就越大，反之则小。如投饲面积过小就会影响到鱼的正常生长。所以在选择时要考虑塘中不同时间吃食鱼总量和使用料的直径大小及容重，选投饲面积多大的投饲机才合适。如是混养塘，如发现某一抢食能力较差的吃食鱼长势较慢时，则考虑投饲机投饲面积是否过小。

（2）吃食鱼的总量和投饲面积有关。增加投饲面积是投饲机的目的之一，使混养塘中不同品种和规格的鱼都能吃到饲料，使单养塘中的鱼生长规格整齐，但是由于投饲机的投饲面积和其功率成正比，如功率一定时，如吃食鱼量太多，投饲面积不大时，混养塘中抢食能力差（规格小）的鱼还是抢不到料，影响其生长，单养塘中的体质较弱的鱼也吃不到料，造成规格差异就越大。反之。如吃食鱼量少，投饲面积大，就会造成饲料浪费。

（3）关于投饲机训鱼。3月开食训鱼时，此时塘中吃食鱼一般较少，由于投饲机一次投料相对较多，如用投饲机训食相对人工训食就较难。由于投饲机投料较多，可能造成鱼不上浮吃食，所以建议初春训鱼最好是人工训食好后再用投饲机投料。如池塘中的鱼较多，才可考虑用投饲机训食。

（4）建议正常的几种投饲机配置。一般在华中以南地区，以草鱼为主的吃食鱼500～2 000kg时，要配置一台70W的投饲机；2 500～7 500kg时，就要配置一台90W的投饲机；8 000～10 000kg时就要配两台（70W和90W各一台），吃食鱼少于500kg的，最好用人工投喂。

投饲机

★易龙商务网，网址链接：http://www.etlong.com/sell/show-2515170.html

（编撰人：漆海霞；审核人：闫国琦）

200. 投饲机的控制模式由什么组成？

控制器决定了投饲机的使用方法以及运行模式，是投饲机结构中最核心的部分。市面上最普通的池塘投饲机大都采用机械旋钮方式，除此之外，以电子按键、单片机为核心的控制盒逐渐流行起来。

（1）机械控制器。目前大部分的投饲机面向的客户是普通渔民，决定了投饲机成本不能太高，这类投饲机偏向简单的机械旋钮定时方式。微电机是抛料的离心电机，如果需要每次抛料8s就定时8s。长短指落料间隔的长短，通常5s左右。部分投饲机的生产商将间隔时间细化，但是原理大致相同。随着使用消耗，机械旋钮定时方式的控制盒到最后大都定时不准，误差变大，不能满足科学养鱼的需要。

（2）电子控制器。除了机械定时，市面上也有很多电子定时控制盒，这种控制器摒除了不准确的机械旋钮方式，采用电子按键，并且支持LED显示。这类电子定时器为核心的控制盒，除了控制投料时间、投料间隔时间以及每次投喂时间长短外，大部分支持定时开关机功能，具有设定时间功能，可以在开机前就设置一天的工作概况。这种控制器的按键模式比机械旋钮使用寿命长，定时更准，属于半自动的投饲机。每天需要人去机器旁边设定，遇到紧急情况不能及时调整，所以这种电子控制器仍然不够智能。

（3）单片机为核心的控制器。单片机属于微型控制系统，可以嵌入投饲机控制盒里，并支持逻辑编程。相对于电子控制器来说，以单片机为核心的控制器更加方便灵活，支持很多拓展功能，属于全自动的控制模式。现在也有很多的科研单位或个人尝试以单片机为核心设计自动投饲控制系统。以单片机为核心的控制器大多因为设计缺陷存在工作不稳定、电机故障率高、维护艰难等问题，因此这种类型的控制器并没有大范围推广。

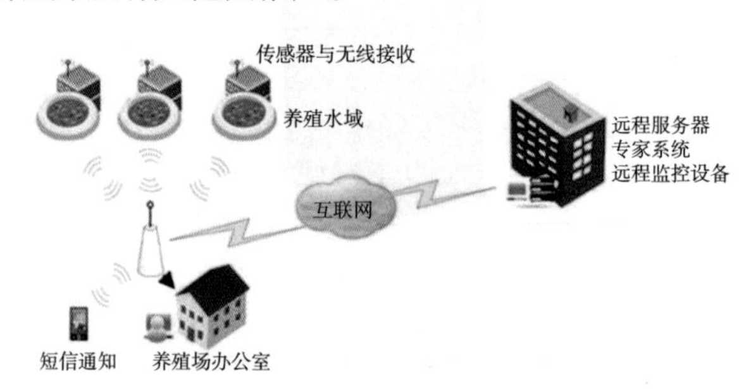

投饲机控制模式

★百度图库，网址链接：https://image.baidu.com/search/detail

（编撰人：漆海霞；审核人：闫国琦）

201. 投饲机有哪几种类型?

（1）从应用范围分。

①池塘投饲机。投饲机中应用最广、使用量最大的一种。

②网箱投饲机。根据使用条件，分为水面网箱投饲机和深水网箱投饲机。

③工厂化养鱼自动投饲机。一般用于工厂化养鱼和温室养鱼。

（2）从投喂饲料性状分。

①颗粒饲料投饲机。由于颗粒饲料广泛使用，此类投饲机使用量最大，技术也较成熟。

②粉状饲料投饲机。粉状饲料一般用于鱼苗的喂养，由于鱼苗的摄量较少，每次喂量要精确。目前此类投饲机应用较少。

③糊状饲料投饲机。主要应用于鳗、鳖等的自动投喂，应用范围较窄。

④鲜料饲料投饲机。主要应用于以冻鲜鱼饲喂肉食性鱼类的网箱养殖中。

投饲机一般由料箱、供料装置、投料装置、控制器等部分组成。

（1）料箱用来盛放饲料。颗粒饲料的料箱为方桶形或圆筒形，桶内下部可采用斜度较陡的漏斗，材料一般用黑铁皮或者白铁皮，最近几年塑壳料箱投饲机发展迅速。

（2）供料装置主要分为螺旋输送式、机械振动式、电磁振动式、电磁铁翻板式、转盘定量式、抽屉式定量下料式等。

（3）投料装置分为自由下落式、风力输送式、水力输送式、离心抛投式等。

（4）控制器主要功能是开关、定时和间隙控制功能，分为机械定时、电子定时和单片机为核心的控制器。

投饲机

★百度图库，网址链接：https://image.baidu.com/search/detail

（编撰人：漆海霞；审核人：闫国琦）

202. 投饲机结构特点有哪些？

（1）一般的渔用投饲机料箱盖通常是一个简单的翻盖，主要是为了防晒、防雨。现在也出现一些新型滑动式的箱盖。料箱的作用是放饲料。料箱通常采用立方形或圆筒形，材料一般用黑铁皮或者白铁皮。最近几年塑料壳料箱投饲机发展迅速。白铁皮料箱加工工艺简单，铁皮较薄、强度较低，价格便宜。黑铁皮加工复杂需要专门设备，经过折边、焊接、喷漆等工艺，铁皮较厚，产品外观漂亮、牢固结实，但价格稍高。塑料结构防腐蚀，防漏电，但不太坚固，要做到防摔、防鼠咬。

（2）渔用投饲机都设有下料装置，以控制每次下料量、下料持续时间、下料间隔时间等。目前下料装置有振动式下料、绞笼式下料、翻板式下料、漏斗式下料。目前最常用的是振动式下料，由振动电机、偏心连杆以及下料仓组成。工作时利用振动电机带动偏心连杆形成往复运动，带动送料盒产生振动，将饲料均匀地送到甩料盘，甩料盘将饲料扇形抛撒到鱼塘进行投喂。这种振动下料装置解决早期投饲机产品下料、分料时容易出现堵料、卡转、下料不均匀等问题，降低了投饲机故障发生率。

（3）抛料装置的功能是把饲料输送到投饲区并撒开一定面积，根据不同的应用分为自由下落式、风力输送式、水力输送式、离心抛投式。离心抛投式是目前最常用的方式，抛撒装置由离心电机、甩料盘组成，靠离心力作用把从下料装置的下料口落到旋转的圆盘上的饲料抛撒出去。

（4）一般装在料箱背后的控制盒里，主要有两个功能：一是定时功能，开启投饲机前设定好投喂时间，一定时间后自动停止投喂；另一个是间隔投喂功能，投料期间每隔一定时间打开下料仓进行投喂，然后关闭，不停重复，到了定时时间停止投喂。控制器通常分为机械定时、电子定时以及最新的单片机为核心的控制器3种。

投饲机

★慧聪360网，网址链接：https://b2b.hc360.com/.html

（编撰人：漆海霞；审核人：闫国琦）

203. 全智能投饲机的优势是什么？

全智能投饲机，使养殖户足不出户掌控一切，实现自动投料等功能。主要由储料箱、下料器、输送管道、水上抛料装置、全自动控制系统等组成。智能投饲机通过先进的控制系统，控制自动投料、自动停机。全智能投饲机具备以下8大优势。

（1）节省时间、人力和劳动力，更好地调节资源分配。

（2）投料速度快，一台设备每小时可投饲料6～50包，且投料均匀、投放面积大，无需担心鱼、虾缺乏饲料。

（3）适用饲料种类广，适合膨化料、颗料料及软粒料、粉料等鱼、虾料的投放。

（4）调节灵活方便，饲料量可根据鱼类养殖面积大小、鱼类种类和生长周期的不同进行调整，能在适合的时间内让鱼吃到充足适量的饲料，确保鱼生长得更快、更大。

（5）饲料可以喷360°，抛料直径在50～60m范围内，能有效避免鱼类抢食而导致缺氧、受伤和个体不整齐现象。

（6）可调整饲料配料时间，充分利用饲料，有效减少饲料溶解使水质浑浊的现象，改善水质，保护环境，促进鱼类生长。

（7）通过输送管道把鱼料送到鱼塘20～100m以外的鱼塘进行喂食，确保鱼都可以吃到饲料。

（8）移动很容易。喂食机可放置在靠近鱼塘的饲料室内。它很容易使用。该机器易于移动，不会仅限于在一个地方喂养。

（编撰人：漆海霞；审核人：闫国琦）

204. 怎样正确使用投饲机?

自动投饲机备受渔工的青睐，因为它们节省了时间和精力，减轻了劳动力负担。但是，需要科学正确的方法去使用投饲机，提高利用效率。

（1）选择适合的位置安装投饲机，为了增大投饵面，投饲机应面对鱼池的开阔面；水位要深，以利鱼抢食。底盘做成活动的可以转向，一个投饲机就能应用在并列的两个鱼池中；调好投撒的远近距离及间隔时间。

（2）人工每周投喂一天，记录该池鱼每次的吃食量，这一周就可按此量放入投饵箱，按规定量投喂，最好不要随意增减。投饵量每周确定一次较为合适。

（3）要注意阴雨天停止投喂。另外，投饲机喂鱼时要观察鱼的吃食情况；每半月进行全池消毒时，要检查食台底部是否有饵料残渣。鱼不吃时，及时关机，停止喂食，防止饲料沉底，这样不但浪费而且坏水。切忌料一倒入就开机的做法。

投饲机

★慧聪360网，网址链接：https://b2b.hc360.com/.html

（编撰人：漆海霞；审核人：闫国琦）

205. 活鱼运输船由什么组成？

活鱼运输船的主要用途是运输高品质的鱼类。活鱼运输船安装了采用虹吸式原理设计的自动装卸鱼装置，且配置了自动计数器用来计算鱼的重量、数量，以及有一套完善的海水循环系统及供氧、消毒系统，大大提高了活鱼运输船的装卸效率，有效降低鱼货的损伤率，大大提高了鱼货存活率。

（1）装卸系统。①装鱼系统的设备包括真空泵、计数器及吸口等。其工作原理是利用通过真空泵抽鱼舱与鱼场管路间的空气形成一定的真空度产生的虹吸现象，使海水注满整个管路，同时通过循环水泵将鱼舱内的海水抽出，使鱼舱内形成负压，使得鱼场的海水连鱼一起穿过吸入口流经鱼计数器，最后进入鱼舱。②卸鱼系统的工作原理是首先低速开启循环水泵，使鱼舱内部水循环，然后打开鼓风机增加鱼缸内的压力。当舱内压力上升到一定程度后，鱼舱内的海水通过装卸鱼管流出，此时适当加大循环水泵的供水入鱼舱以达到维持鱼舱内的正压状态，从而使鱼舱内的海水连同鱼一起经装卸鱼管路，通过鱼类计算器后排至卸鱼池内。

（2）循环水系统。循环水系统的工作原理是维持鱼舱内的水循环，确保鱼舱内的海水有利于鱼类的生存，且在装卸鱼过程中使用以维持装卸鱼的进程。另一功能就是可以喷出较高压力的水柱到鱼舱，用以驱赶剩余的鱼游向抽鱼管，以便完全将鱼舱内的鱼卸出。

（3）供氧系统与消毒系统。系统由空压机、空气干燥器、空气瓶、氧气发生器、氧气瓶、氧气调节器、臭氧发生器及臭氧发生器冷却器、混合氧气泵等设备组成。目的是当鱼舱海水含氧浓度低时向舱内海水补充氧气，以维持鱼类的正常生理需求；而臭氧的补充则起到杀菌、消毒的作用，从而保证了运输过程中鱼的质量，提高了成活率。

活鱼运输船

★百度图库，网址链接：https://image.baidu.com/search/detail

（编撰人：漆海霞；审核人：闫国琦）

206. 活鱼运输技术要点有哪些?

（1）在运鱼的汽车水箱装水后再在水箱加水装鱼，所用水优选地下硬水，并且水箱通常水深40～50cm。夏天运输时，加地下井水时最好再加1/5左右原池塘水，以免使水箱水体和原池塘水体差异过大。装完鱼后要求水箱内水面基本上接近箱顶，这样可使汽车在运输过程中减少水体的来回震荡，从而减少鱼体损伤。

（2）装鱼操作时不要动作过大，以免鱼体受伤。长途运输时，一般需要在运输前1～2d停止喂鱼，以清空消化道且排泄干净，避免在运输过程中污染水质。

（3）开增氧设施，装鱼过程中，如果装在水箱中的鱼有浮头情况，这时就要打开充氧开关。充氧量的大小，以保证水箱底部的塑料软管气孔都能均匀往外散发气泡为好。如果装鱼多时，可根据情况适当增大充氧量。装完鱼后，要把顶盖固定好。

（4）运输途中管理，运输途中主要检查充氧设施是否处于良好状态，现在大部分运输车都把氧气瓶的压力表装在驾驶室内，如果一个氧气瓶没有氧气，就可及时发现，马上转换到另一个氧气瓶上。进行长途运输时一般都把多个氧气瓶并联在一起，这样可以避免氧气管子在每个氧气瓶间多次转换，减少氧气的浪费和操作的失误可能性。在进行长途运输时最好每隔3h左右，到车顶上检查一下，以免出现其他意外情况。

活鱼运输箱

★百度图库，网址链接：https://image.baidu.com/search/detail

（编撰人：漆海霞；审核人：闫国琦）

207. 提高活鱼运输成活率有哪几项技术措施?

（1）运输的鱼应体质健壮。体质健壮的鱼能较好适应恶劣的环境，可大大提高活鱼运输的成活率。鱼被捕捉后放入运输容器时，已受惊吓，对新的环境不适应，会激烈挣扎运动，肌肉强烈收缩，此时如果没有足够的高氧血来补充，会使乳酸在肌肉和血管中积累，血液pH值降低，鱼在24h或更长时间内不能恢复正常活力。

（2）重视运输前的处理。鱼在活体运输前要停止投饵、捕捉和蓄养的措施。为减轻运输中对水质的污染，运输前要停止投饵，以清空消化道并且排泄干净。温水性鱼夏天经1d可完成清肠，冬天2～3d可完成清肠。

（3）采用合理的运输方式。活鱼运输用活鱼运输箱，一般每立方米可装成鱼100kg左右，运输途中应注意换水和充氧，一般可运输5～6d；受精卵、鱼苗和亲鱼等适合采用塑料袋充氧运输，塑料袋中装1/4的水，袋中氧与水的比例为3∶1，高温时袋中或袋与袋之间可放冰块降温。

（4）加强充氧增加水中溶氧。水产品活体运输主要采用增氧机和压缩氧气瓶应急充氧。温水性鱼类运输时水中溶氧至少保持在5mg/L以上，运输中要多检查，发现有缺氧势头应及时充氧。

（5）要适当降温。鱼类是变温动物，体温随所处水温变化而变化，降低活鱼运输箱温度使其降低新陈代谢，处于冬眠状态，提高运输成活率。温水性鱼类活体运输时水温一般以控制在6～15℃，温差不可超过5℃；冬季和夏季应采用保温活鱼运输箱运输，以防运输箱内水温过低和过高而造成运输活鱼死亡。常用的冷却方法是：直接向活鱼运输箱内加入适量冰块，放入冰袋或者利用液态氮管系统对运输箱的水进行降温。

活鱼运输车

★百度图库，网址链接：https://image.baidu.com/search/detail

（编撰人：漆海霞；审核人：闫国琦）

208. 无水活鱼运输关键技术有哪些？

鱼类无水保活运输技术是一种绿色环保、无污染、安全、优质和高效的新型冷链活体物流技术。活鱼无水运输技术的主要原理是通过缓慢降温，降至各种活鱼生态冰温诱导休眠，对其无水包装后，转移至特定低温环境下运输，待到达目的地再对处于休眠状态活鱼进行梯度升温。

（1）休眠。休眠是冷血动物的重要特征之一，自然条件下多属季节性反应，体现了生物的抗逆性。休眠是活鱼无水运输的前提，同时也是无水包装前的重要环节。对冷血动物而言，均存在一个区分生死的生态冰温，或称为临界温度。将活鱼停食暂养48h后，采用缓慢降温方式（速率为0.2～3℃/h）将水温降至其生态冰温，从而致使活鱼进入休眠状态。当鱼体休眠时，其呼吸速率明显降低，新陈代谢几乎降至零，基本无任何活动行为，仅受到强烈刺激时才产生缓慢的应激反应。

（2）包装。待活鱼进入休眠状态后即可从暂养池中打捞出进行无水包装。活鱼无水包装是一种特殊的包装方式，区别于普通包装的主要特征在于其充入纯氧密封封口。由于在无水状态下，活鱼对环境中氧气吸收利用率大大降低，所以充入纯氧以保证鱼体正常呼吸代谢。无水包装材料主要包括塑料薄膜袋、橡胶袋、无水运输垫、泡沫箱、聚苯乙烯箱等。

（3）无水微环境。有水活鱼运输过程中，影响其运输时间及存活率的重要因素是水温、水质、溶氧、代谢物和密度等，而对无水运输而言，影响运输效率的关键是包装箱以及运输车厢内微环境情况。微环境主要包括厢内大气温度以及波动范围、内部湿度、内部实际震动情况等。

（4）唤醒。“唤醒”也称为复活，即将休眠状态下的活鱼转入暂养池内

（水温为生态冰温范围），通过梯度升温方式使其恢复正常游动状态。“唤醒”是活鱼运输到达目的地后展开的关键操作流程，初始水温与升温速率是“唤醒”活鱼的关键控制点。

运输箱

★蜘蛛商务网，网址链接：http://www.zhizhu35.com/detail-12852374.html

（编撰人：漆海霞；审核人：闫国琦）

209. 有水活鱼运输关键技术有哪些?

（1）鱼体状态。鱼体状态是影响运输效率的重要因素之一，这与物流环节的持续运行直接相关。实践证明，良好体态的活鱼对水环境恶化具备较强的抵抗力，而处于受损害、生病或亚健康状态的活鱼则相反。通常情况下，异常活鱼会出现体表发白、眼珠白浊、皮肤充血、脱鳞、有伤口或鱼鳍破损等状况，而健康活鱼则体表光滑、色泽光亮。

（2）暂养。暂养亦称蓄养，是指人们将捕获于天然水域或人工养殖中的水产生物转移至人工条件下进行停止喂饵，驯化训练，保持活力，是活鱼运输前必不可少的环节，直接影响其运输时间的长短。暂养环境条件因受品种的基本生活习性、生理特性、运输方式的影响，是不一样的。

（3）麻醉。麻醉是采用麻醉剂抑制机体中枢神经，抑制其对外界的反射与活动能力，从而降低呼吸、代谢强度和减小应激反应。使用麻醉剂可有效提高活鱼在运输过程中的存活率与运输时间，增大运输密度。

（4）运输工具。现活鱼流通的重要设施装备是运输工具，运输工具的好坏决定了其运输距离远近、运输时间长短和运输品种多少。在实际运输过程中，通常情况下，长距离、大批量的活鱼运输均选择中型或大型运输货车；短距离、小批量的活鱼运输均选择小型水产专用运输三轮车；以家庭、酒店、零售商等为单元采购或同城配送均选择使用塑料袋、泡沫箱等包装运输。目前，现代化活鱼运输专用车包括增氧、制冷、加温、过滤等设备。

（5）运输环境。运输环境是活鱼运输过程中最重要的影响因素，直接决定运输过程中的存活率。对有水运输而言，运输环境即水环境，主要包括水温、水质、溶氧、密度等。水体溶氧量与密度成反比，运输密度增加会降低水中溶氧量，因此，在增加运输密度时，相应增加增氧措施，以满足水中溶氧要求。传统的活鱼运输方式并未对运输环境进行有效控制，所以导致运输存活率低，尤其是长距离运输，存活率更低。在夏季运输时，简单的添加冰块只能保证水温不超过最高上限，而水质、溶氧、密度等无法调控。

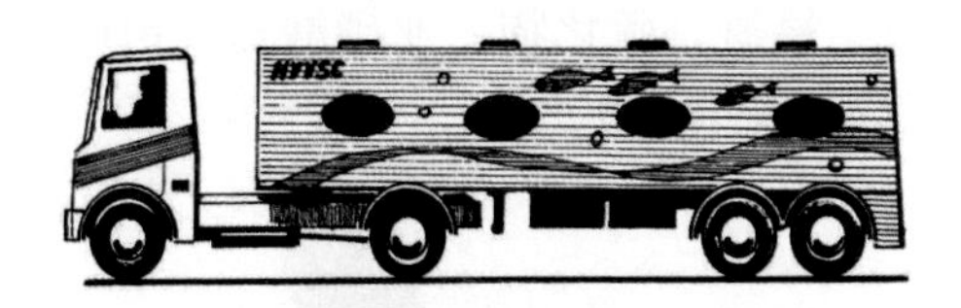

活鱼运输车

★驾培百科，网址链接：http://jiapei.baike.com/article-118948.html

（编撰人：漆海霞；审核人：闫国琦）

210. 大型水产养殖综合监控与管理系统有哪些用途？

（1）现场视频功能。用网络摄像机对各个养殖池的情况进行视频采集（分水上和水下用不同的摄像机），全天候24h录制监控养殖场。

（2）水温控制功能。对每个养殖池的水温信号进行实时采集与分析处理，当出现水温低的情况时自动打开增温系统，温度过高及时预警。

（3）水中氧气控制功能。水中氧气学名叫溶解氧，对每个养殖池的溶解氧浓度信号进行实时采集与分析处理，当出现溶解氧含量低的情况时自动打开增氧系统。

（4）液位自动控制功能。当池中水不够时立即启动抽水设备，当池中水抽满时自动停止，可随时显示当前池中水的液位，当液位高于警戒水位时也会报警，预警山洪等自然灾害的发生。

（5）流量自动监控功能。随时监测池塘口水流量，当流量过小时进行报警或启动抽水功能，特别适合需要不断流水的池塘。

（6）红外对射功能。当有可疑人员进入目标区域时立即录像并报警，防止不明人员偷鱼或鳖等水产品或防止有不法分子对池塘进行投毒或者防止小孩闯入养殖地带掉进养殖池等多种不良现象发生。

（7）现场地理位置显示。当出现报警情况时，画面上会显示出相应的地理位置。

（8）声音画面报警功能。当出现异常时控制室电脑弹出报警地方的视频及报警内容，同时有声音进行报警提示。

（9）分布式声光报警功能。可以在需要报警提示的地方安装相应的声光报警器，如现场报警，以便及时处理。

（10）短信预警功能。当出现异常时发送短信到您的手机上，出门在外，也可以随时清晰掌握系统运行状况。

（11）其他。光照、氨氮、硫化物、亚硝酸盐、pH值等可根据情况选用相应的传感器进行信号的实时采集与处理。

管理系统

★百度图库，网址链接：https://image.baidu.com/search/detail

（编撰人：漆海霞；审核人：闫国琦）

211. 设施水产养殖设备的种类有哪些?

（1）增氧设备。增氧设备是设施水产养殖的必备设备。其种类各式各样，主要有微孔曝气增氧、叶轮增氧机、水车式增氧机、充气式增氧机、射流式增氧机、喷水式增氧机等。增氧设备主要用途是增加水中的溶氧量，通过搅拌水体、促进水体上下循环，达到增加氧气、流动水体和改善水质的作用。

（2）投饲设备。投饲机以投料形式命名的有离心式投饲机、风送式投饲机和下落式投饲机；以供料方式命名的投饲机有振动式投饲机、翻板式投饲机、螺旋式投饲机等。投饲机可以定时、定次、定量、定点、均匀自动投饲，具有节省劳动力、减少饲料浪费、保护水体环境等特点。

（3）水质净化设备。在设施水产养殖中，水质净化主要采用生物滤池、活性滤池和水质净化机械，如生物转盘、活性炭水过滤装置、耕水机和臭氧消毒增氧机等。

（4）水质检测仪器。水质检测仪器主要有溶氧测定仪、pH值测定仪、水温计、氨测定仪等，用于检测池塘水质状况是否符合渔业水质标准。

（5）水温调控设备。水温调控设备包括锅炉系统、电加热器、太阳能加热器、热泵、热交换器、水温自控系统等。主要作用是调节控制鱼塘的水温，使鱼类在最佳水温中生长，发育更迅速。

（6）水产育苗设备。水产育苗设备有产卵设备、孵化缸、鱼种网、鱼筛、网箱、鱼苗计数器、氧气瓶等，用于培育、采集鱼苗。

（7）捕鱼设备。捕鱼设备有电赶鱼机、电脉冲装置、气幕赶鱼器、电赶渔船、拦网船、各种绞缆机、起网机、吸鱼泵等，用于赶鱼、捕鱼和起鱼。

增氧设备

★慧聪360网，网址链接：https://b2b.hc360.com/supplyself/.html

（编撰人：漆海霞；审核人：闫国琦）

212. 水产养殖设备该如何挑选？

（1）紫外线杀菌器在水产养殖中的作用。紫外线杀菌器依据材质分类，主要包括不锈钢跟PVC塑料两种，从水产养殖角度来看，因为PVC塑料耐海水腐蚀，成本又低，所以选择PVC塑料比较合适。灯管一定要用进口的，耐用、稳定、杀菌效果好，这是物超所值的。

每个镇流器在安装时都需要留有一定距离的间隙用于散热，最好带一个散热风扇。还需配备控制开关，控制开关起控制灯管开关作用和保护作用。

（2）全自动滚筒微滤机的应用。全自动滚筒微滤机，在工厂化循环水养殖中显得至关重要，在购买全自动滚筒微滤机时，需要关注3个参数：价格、设备的整机大小和滚筒的大小。防止某些商家为了抢市，把小处理水量的设备当大设备，夸大机器的处理能力，用价格去吸引买家。滚筒大小关系过滤面积，同等精度下，面积越大，处理能力越大，效果也越好。还有就是网的材质跟形式（跟厚度有关），网也有很多种，最少要选择316L的网，虽然用久了会生锈但是使用寿命会比较长。网厚一点也会耐用一点，减少破裂的风险，使用寿命可达2～3年。最后就是滚筒的排污能力，如果有脏东西不能全部排出，一直在滚筒里面转，那这台设备就失去功效了，这就跟滚筒的排污结构有关，这类故障基本上都是在滚筒里面，一般看不到，所以购买全自动滚筒微滤机时最好找口碑比较好的厂家。

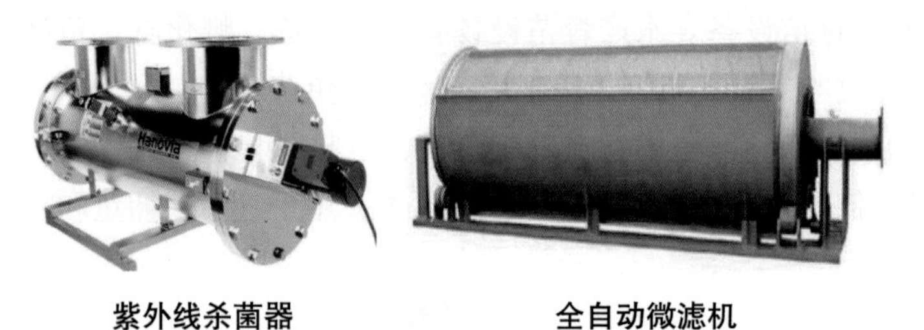

紫外线杀菌器　　全自动微滤机

★百度图库，网址链接：https://image.baidu.com/search/detail

（编撰人：漆海霞；审核人：闫国琦）

213. 现代设施渔业的主要类型有哪些?

（1）工厂化养殖。工厂化养殖具有科技含量高、投入高、产出高的特点，有着现代渔业代表的称号。工厂化养殖方式大致可以分为流水养殖、半封闭循环水养殖和全封闭循环水养殖3种类型。国内以流水养殖为主，其厂房由轻钢结构、深色玻璃钢瓦、砖混墙体建造而成；养鱼池的结构有砖、混合玻璃钢两种，池形有圆形、椭圆形、跑道形、方形等，多为方形，单池表面积为20～100m^{2}不等，采用周边进水、中央排水孔排水循环运行。

（2）海水网箱养殖。自20世纪70年代起，经过40多年的发展，中国海水网箱养殖网箱总数已超过120万只，但大部分在港湾内用松木板、竹竿和钢管等制成的传统结构形式网箱。目前深海大型抗风浪养殖网箱在浙江、山东、福建和广东等省数量较多。主要的养殖品种为大黄鱼、真鲷、军曹鱼、石斑鱼、黑鲳、鲈鱼和六线鱼等，养殖种类约有30种，并形成了许多的大型深海网箱养殖基地。

（3）人工渔礁。我国人工渔礁的试验研究始于1979年，广西壮族自治区在北部湾投放了我国第一组人工渔礁。1981年起中国水产科学研究院黄海水产研究所和南海水产研究所先后在山东省胶南、蓬莱和广东省大亚湾、南粤沿海投放了人工渔礁进行了相关研究。但由于受当时的财力及思想观念所限，人工渔礁投资效果不明显。

（4）海洋牧场。海洋牧场即在某一海域内，采用一整套规模化的渔业设施和系统化的管理体制，利用自然的海洋生态环境，将人工放流的经济海洋生物聚集起来，进行有计划、有目的的海上放养鱼、虾、贝类的大型人工渔场。其目的是提高某些经济品种的产量或整个海域的鱼类产量，以确保水产资源稳定和持续增长。在利用海洋资源的同时，有必要保护海洋生态系统，实现可持续的生态渔业。

工厂化养殖

海水网箱养殖

★百度图库，网址链接：https://image.baidu.com/search/detail

（编撰人：漆海霞；审核人：闫国琦）

参考文献

360个人图书馆. 池塘养殖如何选配增氧机更科学[EB/OL]. http://www.360doc.com/content/18/0205/12/32567818_727857177.shtml.
360个人图书馆. 工厂化循环水养殖系统的特点及优势[EB/OL]. http://www.fishfirst.cn/thread-13377-1-1.html.
阿里巴巴. 溶解氧分析仪[EB/OL]. http://www.lei-ci.com/products_detail_yyly/&productId=64.html.
爱问共享资料. 长沙中联泵业涌浪式曝气增氧机的安装与使用[EB/OL]. http://ishare.iask.sina.com.cn/f/2ZyKaWQ4sNR.html.
百度文库. 2009—2013年叶轮式增氧机市场需求调研[EB/OL]. https://wenku.baidu.com/view/2611362c84254b35effd3419.html.
百度文库. 水产养殖增氧机综述[EB/OL]. https://wenku.baidu.com/view/b60e39ba960590c69ec 3762e.html.
百度文库. 水泵常见故障分析及处理方法[EB/OL]. https://wenku.baidu.com/view/e099e684c850 ad02df804102.html.
百度文库. 水车式增氧机的工作原理及优缺点[EB/OL]. https://wenku.baidu.com/view/3113e7fbf90f76c661371acb. html.
百度文库. 提高潜水泵寿命的方法[EB/OL]. https://wenku.baidu.com/view/f729b2c469dc5022abea0042.html.
百度文库. 微孔增氧技术操作规程[EB/OL]. https://wenku.baidu.com/view/99c8291fa76e58fafab00334.html.
百度文库. 野外捕捉黄鳝方法[EB/OL]. https://wenku.baidu.com/view/10c19307bed5b9f3f90f1ce7.html.
百度文库. 叶轮室结构对轴流泵性能影响的研究[EB/OL]. https://www.baiyewang.com/g68749827.html.
百度文库. 增氧机的使用技术[EB/OL]. https://wenku.baidu.com/view/3506a174daef5ef7bb0d3cd8.html.lsfea63.
蔡英亚. 1979. 贝类学概论[M]. 上海：上海科学技术出版社.
曾仁甫. 2017. 养鱼池中如何正确使用及维护增氧机[J]. 渔业致富指南（2）：28-31.
常亚青. 2007. 贝类增养殖学[M]. 北京：中国农业出版社.
陈柏秀，黄爱军. 2010. 观赏鱼池塘混养技术总结[J]. 科学养鱼（11）：84.
陈思行，邱卫华. 2004. 接吻鱼的饲养与繁殖[J]. 水产科技情报（5）：233-235.
陈永平，张素青，李春青，等. 2011. 河鲀毒素的起源及检测技术研究进展[J]. 现代渔业信息（12）：16-19.
邓光，耿亚洪，胡鸿钧，等. 2009. 几种环境因子对高生物量赤潮甲藻——东海原甲藻光合作用的影响[J]. 海洋科学，33（12）：34-39.
迪特玛・迈腾斯. 2010. 软体动物[M]. 武汉：湖北教育出版社.
豆丁网. 增氧机工作原理[EB/OL]. http://www.docin.com/p-786751391.html.
方旭，滕淑芹，赵小光，等. 2012. 精养鱼池中如何正确使用增氧机[J]. 科学养鱼（3）：23-24.
广州中航环保科技有限公司. 臭氧一体机[EB/OL]. http://www.zhwte.com/h-pd-46.html#_pp=0_578_21/
广州中航环保科技有限公司. 工厂化循环水养殖系统设备之蛋白质分离器[EB/OL]. http://www.zhwte.com/h-pd-46.html#_pp=0_578_21.
河南友邦水处理工程有限公司. 活性炭过滤器[EB/OL]. http://www.yb371.com/243.html.
胡鸿钧，魏印心. 2006. 中国淡水藻类：系统分类及生态[M]. 北京：科学出版社.
黄页大全. 活鱼运输箱[EB/OL]. http://www.cnlist.org/product-info/33893240.html.
慧聪360网. 叶轮式增氧机[EB/OL]. https://b2b.hc360.com/supplyself/80505836122.html.
慧聪网. 海鲜烘干机[EB/OL]. https://b2b.hc360.com/supplyself/419309877.html.
机器说明书. 吸鱼泵[EB/OL]. http://www.rchongyuan.com/exhview.asp？id=117/2018.5.18.
机械说明书. 溶氧椎[EB/OL]. https://detail.1688.com/offer/541540307252.html.
蒋树义，韩世成，曹广斌，等. 2003. 水产养殖用增氧机的增氧机理和应用方法[J]. 水产学杂志（2）：94-96.
聚创环保. RJY-1型台式溶解氧测试仪[EB/OL]. http://www.qdjchb.com/productshow-48-73-728-1.html.
李岑，姜志强，刘庆坤，等. 2011. 泰国斗鱼的胚胎发育及温度对胚胎发育的影响[J]. 大连海洋大学学报（5）：402-406.
李枫. 2012. 家庭混养观赏鱼的小诀窍[J]. 农家参谋（9）：29.

辽京制造. 活性炭过滤器使用前处理工作[EB/OL]. http://www.duojiezhiguolvqi.com/jishuziliao/144.html.
刘文珍，徐节华，欧阳敏. 2015. 淡水池塘养殖增氧技术及设备的研究现状与发展趋势[J]. 江西水产科技（4）：41-45.
骆小年，刘刚，闫有利. 2015. 我国观赏鱼种类概述与发展[J]. 水产科学，34（9）：580-588.
毛文君，李八方，程闲明. 1997. 扇贝边蛋白质营养价值的评价[J]. 海洋科学（1）：10-12.
南方渔网. 怎么使用增氧机更省电更安全[EB/OL]. http://www.bbwfish.com/article.asp? artid=43649.
农业大词典编辑委员会. 1998. 农业大词典[M]. 北京：中国农业出版社.
潘基桂，房慧伶. 2002. 鱼鳃及鳃上器形态学的研究概况[J]. 广西农业生物科学，21（4）：290-292.
裴建华. 2006. 鱼的浮沉与鱼鳔的作用的另一种解释[J]. 物理老师，27（6）：30.
黔农网. 叶轮式增氧机的工作原理及优缺点[EB/OL]. http://www.qnong.com.cn/zhidao/jixie/4583.html.
黔农网. 鱼塘增氧机[EB/OL]. http://www.qnong.com.cn/baike/nongzi/6164.html.
赛林霖，赛道建，尹玲，等. 2006. 鳍和鳔在鱼类沉浮行为中的作用[J]. 山东师范大学学报，21（1）：125-126.
商友圈. 微孔曝气增氧管安装步骤[EB/OL]. https://club.1688.com/article/25821855.html.
商友圈. 增氧机的正确使用[EB/OL]. https://club.1688.com/article/24816654.html.
搜狐科技. 微孔增氧机相对于传统增氧机的优势[EB/OL]. http://www.sohu.com/a/152070990_517303.
搜了网. 叶轮式增氧机[EB/OL]. http://www. 51sole.com/b2b/pd_47282796.html.
王璐. 2007. 论扇贝的营养价值、生物活性及养殖[J]. 牡丹江大学学报，16（3）：92-94.
王如才，王昭萍. 2008. 海水贝类养殖学[M]. 青岛：中国海洋大学出版社.
王艳. 2013. 藻类植物[M]. 长春：吉林出版集团有限责任公司.
杨桂梅，鲍宝龙. 2008. 河鲀和河鲀毒素之间关系的研究进展[J]. 上海水产大学学报（6）：734-739.
杨显祥，孙龙生，叶金明，等. 2017. 池塘循环流水养鱼对水体环境的影响[J]. 现代农业科技（3）：220-226.
姚刚. 2014. 四大家鱼没有鲤鱼之新解[J]. 中国钓鱼（1）：60.
易龙商务网. 鱼塘虾塘投饲机[EB/OL]. http://www.etlong.com/sell/show-2515170.html.
张朝晖，蔡宝昌. 2003. 海洋药物研究与开发[M]. 北京：人民卫生出版社.
张世义，伍玉明. 2010. 观赏鱼[J]. 生物学通报（4）：10-12
赵淑江. 2014. 海洋藻类生态学[M]. 北京：海洋出版社.
浙江扬子江泵业. 涌浪式曝气增氧机的安装与使用[EB/OL]. http://www.camn.agri.gov.cn/html/2013_04_ 2013_07_23_24735.html.
中国化工仪器网. 振动式渔塘自动投饲机[EB/OL]. http://www.chem17.com/offer_sale/detail/9049405.html.
中国建材网. 怎样校准溶解氧测定仪？[EB/OL]. http://www.lei-ci.com/products_detail_yyly/&productId=64. html.
中国农机网. 谷物联合收割机的用后维护[EB/OL]. http://www.nongjx.com/tech_news/detail/26822.html.
中国农机网. 影响潜水泵烧坏的原因及解决方法[EB/OL]. http://www.nongjx.com/tech_news/detail/32764.html.
中国汽车网. 活鱼运输车|水产品运输车[EB/OL]. http://www.chinacar.com.cn/newsview120203.html.
中国水产交易市场. 鱼苗孵化桶[EB/OL]. https://www.1688.com/chanpin/-CBAEB2FAB7F5BBAFCDB0.html.
中国水产养殖场. 增氧机的搭配、配置、使用、保养方法介绍[EB/OL]. https://wenku.baidu. com/view/d2a9ec26a76e58fafab0038c.html.
中国水产养殖网. 循环水养殖系统[EB/OL]. http://www.shuichan.cc/news_view-273403.html.
中国水产养殖网. 叶轮式增氧机的安全使用和检修保养[EB/OL]. http://www.shuichan. cc/article_view-36918.html.
钟民. 2015. 叶轮增氧机的使用及维护技术[J]. 农技服务，32（9）：140.
诸城市泰和食品机械有限责任公司. 真空吸鱼泵[EB/OL]. http://shipin.huangye88.com/xinxi/14105978.html.
准测仪器. 便携式溶氧分析仪[EB/OL]. http://www.zhunce.cn/product/product_print.asp? pid=40204002/
邹新群. 2009. 如何选购观赏鱼[J]. 齐鲁渔业（11）：36.